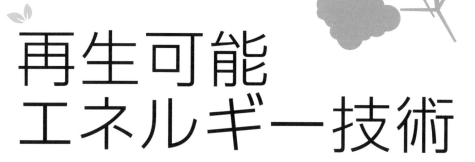

再生可能エネルギー技術

Renewable Energy Technologies

藤井 照重
中塚 勉
毛利 邦彦
吉田 駿司
田原 妙子
共著

森北出版株式会社

●本書のサポート情報を当社 Web サイトに掲載する場合があります．下記の URL にアクセスし，サポートの案内をご覧ください．

http://www.morikita.co.jp/support/

●本書の内容に関するご質問は，森北出版 出版部「(書名を明記)」係宛に書面にて，もしくは下記の e-mail アドレスまでお願いします．なお，電話でのご質問には応じかねますので，あらかじめご了承ください．

editor@morikita.co.jp

●本書により得られた情報の使用から生じるいかなる損害についても，当社および本書の著者は責任を負わないものとします．

■本書に記載している製品名，商標および登録商標は，各権利者に帰属します．

■本書を無断で複写複製（電子化を含む）することは，著作権法上での例外を除き，禁じられています．複写される場合は，そのつど事前に (社)出版者著作権管理機構（電話 03-3513-6969，FAX 03-3513-6979，e-mail：info@jcopy.or.jp）の許諾を得てください．また本書を代行業者等の第三者に依頼してスキャンやデジタル化することは，たとえ個人や家庭内での利用であっても一切認められておりません．

まえがき

　エネルギー源として，原油，石炭，天然ガスなどの化石燃料やウランなどの原子力エネルギー以外に，水力，太陽光，風力，地熱などの自然再生可能エネルギーが存在する．これら自然界に存在する一次エネルギーを使いやすい電気，ガソリン，都市ガスなどの二次エネルギーに転換し，最終エネルギーとしてわが国では一次エネルギートータルの約 70% が利用されている．しかし，資源の乏しいわが国のエネルギー自給率は，2014 年で原子力を除くと 6% と非常に低い（エネルギー白書 2016）．

　2011 年 3 月 11 日の東日本大震災による福島第一原子力発電所の事故によって，エネルギー供給の自立や温室効果ガスの低減から基幹電源と位置付けられていた原子力発電の信頼性が崩れた．これに対して，エネルギー自給率の向上，燃料調達コストの抑制，CO_2 排出量の削減などから，2015 年の政府案では再生可能エネルギーの電源構成比率を 2030 年度に 22〜24% とすることが示された．一方，米国ハワイ州では，2015 年に電源構成の 84% を占めていた石油，石炭火力を，2045 年までにすべて再生可能エネルギーとする法律が成立した．

　太陽光，風力，バイオマス，地熱等の再生可能エネルギーの導入拡大は，（ⅰ）わが国固有の資源を含めたエネルギーの多様化によるエネルギー安全保障の強化，（ⅱ）地球温暖化対策への寄与と低炭素社会の創出，（ⅲ）固定価格買取制度（FIT）や大量導入に向けた電力系統のスマート化によって，製造だけでなく幅広い新しいエネルギー関連の産業創出・雇用拡大，地域活性化への寄与，という利点がある．

　本書は，再生可能エネルギーについて初歩から応用まで総括的に解説することを目的に，太陽光，風力，バイオマス，太陽熱や地熱，海洋エネルギー，廃棄熱の利用，およびこれらの発電の導入に必要な最適な地域エネルギーシステムの構築，すなわちスマートコミュニティシステム，さらに導入の経済性，環境性の評価法についてわかりやすく示している．内容は，2007 年に出版された『環境にやさしい新エネルギーの基礎』（森北出版）に準ずるもので，新たに中小水力や地熱，海洋エネルギーなどを追加するとともに，現在の状況に合わせて改訂している．

2016 年 10 月

著者記す

目　次

第1章　地球環境問題と再生可能エネルギー　　1
1.1　世界のエネルギー消費の現状 …………………………… 1
1.2　日本の一次エネルギー供給量の現状 …………………… 3
1.3　エネルギー消費と環境問題 ……………………………… 4
1.4　環境問題に対する国際的な取り組み …………………… 7
1.5　環境問題，エネルギー問題に対する日本の取組み …… 9
1.6　再生可能エネルギーの導入 ……………………………… 16
1.7　再生可能エネルギーの特徴と導入推進に向けた課題 … 23
1.8　日本の再生可能エネルギーの導入見通し ……………… 25

第2章　太陽エネルギー　　28
2.1　太陽エネルギーの概要 …………………………………… 28
2.2　日射量 ……………………………………………………… 30
2.3　太陽エネルギーの利用法 ………………………………… 32
2.4　太陽光発電 ………………………………………………… 33
2.5　太陽熱利用 ………………………………………………… 46

第3章　風力エネルギー　　59
3.1　風力発電の概要 …………………………………………… 59
3.2　風力発電の現状 …………………………………………… 60
3.3　風力の利用 ………………………………………………… 61
3.4　風力発電システム ………………………………………… 65
3.5　風力発電導入の流れ ……………………………………… 73
3.6　今後の課題 ………………………………………………… 74

第4章　バイオマスエネルギー　　76
4.1　バイオマスエネルギーの概要 …………………………… 76
4.2　バイオマスの分類 ………………………………………… 77
4.3　バイオマスの特性 ………………………………………… 78
4.4　バイオマス利用の現状 …………………………………… 79

4.5	バイオマスエネルギー変換技術	79
4.6	バイオマス発電技術	91
4.7	バイオマス輸送燃料変換技術	93
4.8	今後の課題	97

第5章　水力エネルギー　98

5.1	水力発電の概要	98
5.2	水力発電所の種類	100
5.3	水力エネルギー	102
5.4	水車の種類と構造および性能	107
5.5	中小水力発電の導入に向けた施策	116
5.6	中小水力発電の課題	118

第6章　地熱エネルギー　120

6.1	地熱発電の概要	120
6.2	地熱発電の現状	121
6.3	地熱発電の方式	123
6.4	温泉熱利用発電・熱利用	127
6.5	地熱発電の今後の技術的課題	130

第7章　海洋エネルギー　132

7.1	海洋エネルギーの概要	132
7.2	波力発電の種類	139
7.3	潮汐力発電・潮流発電	144
7.4	海流発電	148
7.5	海洋温度差発電	149
7.6	海洋塩分濃度差発電	151
7.7	実証試験サイト	153
7.8	今後の課題と対応	154

第8章　未利用エネルギー　156

8.1	未利用エネルギーの概要	156
8.2	温度差エネルギー	157
8.3	ヒートポンプ	157
8.4	温度差エネルギーの実施例	160
8.5	雪氷冷熱エネルギー	161
8.6	雪氷冷熱エネルギー利用技術	164

8.7 熱電発電 ……………………………………………………………… 172

第9章　分散ネットワークシステム　　180

9.1 分散ネットワークシステムの概要 …………………………………… 180
9.2 分散ネットワークの展開 ……………………………………………… 181
9.3 分散ネットワークの定義 ……………………………………………… 182
9.4 分散ネットワークの電力系統上の位置と特徴 ……………………… 183
9.5 分散ネットワークの海外輸出の動向 ………………………………… 185
9.6 分散ネットワークの目指す目標 ……………………………………… 186
9.7 実証試験の事例 ………………………………………………………… 187
9.8 電力品質管理のための電力貯蔵装置 ………………………………… 189
9.9 分散ネットワークのビジネスモデル（八戸の例） ………………… 190
9.10 分散ネットワークの今後と課題 …………………………………… 192

第10章　再生可能エネルギーの導入と評価法　　193

10.1 導入の評価と手順 …………………………………………………… 193
10.2 経済性評価方法 ……………………………………………………… 198
10.3 プロジェクトコストの評価方法 …………………………………… 205
10.4 再生可能エネルギーのエネルギー収支の評価（EPT，EPR） …… 206
10.5 再生可能エネルギーの環境性の評価 ……………………………… 207

参考文献　　209

索　引　　214

第 1 章

地球環境問題と再生可能エネルギー

この章の目的

18世紀後半のイギリスの産業革命以降，化石燃料の膨大な消費により大気中の二酸化炭素濃度が上昇し，地球の温暖化が続いている．本章では，エネルギー消費と環境問題の実情，温暖化防止への対応策として**再生可能エネルギー**の必要性，定義，さらに再生可能エネルギーの導入目標と課題，導入促進のための各種支援策などについて学ぶ．

1.1 世界のエネルギー消費の現状

世界の人口は数百万年前の人類誕生以来，1700年代には5億人程度であったが，イギリスにおいて端を発したトーマス・ニューコメンの大気圧機関(ニューコメン機関)や，ジェームズ・ワットの蒸気機関の発明以降，人口は急激に増加し，2015年には約73億人に達し，2030年には83億人に達するといわれている．図1.1に世界の人口とエネルギー消費の推移を示す．

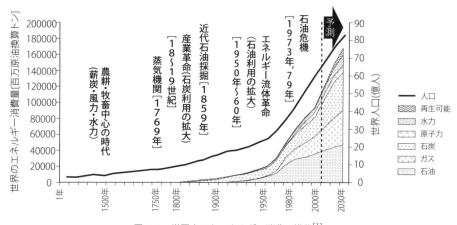

図 **1.1** 世界人口とエネルギー消費の推移[1]

人類は原始人の誕生以来「火」を使うことをおぼえ、地上に育った草木を燃やし、暖をとり、食物を煮炊きしてきた。大気中に放出された二酸化炭素(CO_2)が、光合成により再び植物に吸収されて成長に使われることにより、CO_2に対してもバランスのとれた生態系が形成されていた。

18世紀後半の産業革命によって、それまで樹木や人力、牛馬等の動物のエネルギーを利用していた形態が、石炭、石油、ガス等の化石燃料を利用して機械を動かし、暖をとり、人・物の輸送を行う社会に変化していくことにより、飛躍的にエネルギーの消費量が増えていった。

19世紀以降に、発電機、電動機、電灯、通信などの装置が利用され始めると、電気を得るために化石燃料が燃やされ、エネルギーの使用量の増大に拍車をかけた。人類は産業革命以降、わずか200〜300年ほどの短い期間に化石燃料の使用により便利で快適な生活ができるようになった。

エネルギー資源別使用量として、世界の**一次エネルギーの消費**の推移を図1.2に示す。石油は、発電用燃料としてはほかのエネルギー源への転換も進んでいるが、輸送用燃料として、エネルギー消費全体でもっとも大きなシェア（2013年時点で約31.4%）を占めている。消費量が伸びたのが石炭（約28.8%）と天然ガス（約21.3%）である。石炭は発電用の消費が一貫して増加し、とくに近年は、経済成長の著しい中国、インド等、安価な発電用燃料を求めるアジア地域において、消費量が拡大した。また天然ガスは、とくに気候変動への対応が強く求められる先進国を中心に、発電用や燃料の都市ガス用に拡大した。一方、伸び率がもっとも大きかったのは原子力（年平均伸び率7.5%）と新エネルギー（年平均伸び率8.8%）で、エネルギー供給の多様化や、低炭素化により導入が進んだ。しかし、2010年時点のシェアはそれぞれ5.7%および0.9%と、

図1.2 世界の一次エネルギーのエネルギー資源別推移[2]

エネルギー消費全体に占める比率は大きくない．

1.2 日本の一次エネルギー供給量の現状

日本の**一次エネルギーの資源別供給量**の推移を図 1.3 に示す．1970 年代の経済成長期には一次エネルギーの供給は GDP の伸び以上に増加してきたが，二度の石油危機以降，企業の省エネルギー化が推進され，経済成長が止まり，エネルギー使用量も若干低下した．わが国の一次エネルギーの資源別の供給量をみると，第一次石油危機当時(1973 年)は石油が 75% を占めていたが，第二次石油危機以降は脱石油化により，石炭，ガス，原子力の導入が進み，1995 年には石油の比率は 54% に，2014 年には 41% に減少している．しかし，化石燃料の比率は 2014 年で 92% となお高い比率を占めている．

主要国に比べ，日本の一次供給エネルギーは石油依存度が依然として高く，とりわけ中近東への依存が高いことが問題である．しかも，自給できるエネルギーは再生可能エネルギー，水力，原子力に限られ，エネルギー自給率が低い．

1970 年代に石油の輸入が急増したためエネルギー自給率は減少し，1973 年には 9% に減少した．2000 年では水力は 4% であるが，原子力はウランを一度輸入すると数年使用できることから一般に準国産エネルギーとして取り扱われ，その場合にはエネルギー自給率は 20% である．脱石油依存と地球温暖化問題への対応から 2010 年代まで原子力発電が増加し，化石燃料は 82% まで減少したが，2011 年 3 月 11 日の東日

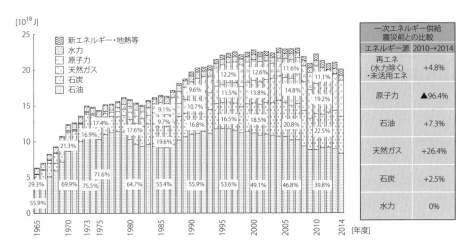

図 1.3 日本の一次エネルギーの資源別推移と自給率の推移[2]

本大震災にともない，福島第一原子力発電所の1〜3号機の原子炉メルトダウンという最悪の事故が発生したことにより，現在ではわが国の原子力発電所のほとんどが停止し，90%以上の電力供給を化石燃料でまかなっている．

1.3 エネルギー消費と環境問題

エネルギーを多量に消費する現代において，地球の生態系の破壊と深刻な環境の汚染が進みつつある．環境破壊・汚染の現象と将来予測される事態の因果関係を図1.4に示す．これらのうち，先進国による多量のエネルギー消費に起因する現象は，大気中の二酸化炭素(CO_2)濃度の増加と酸性雨の問題である．

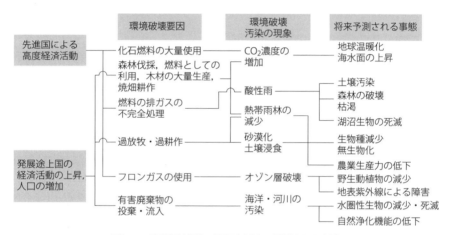

図 1.4　地球環境汚染の要因と将来の予測される事態

1.3.1 地球温暖化 (global warming)

図 1.5 に大気中の二酸化炭素濃度の暦年変化を示す．二酸化炭素濃度の測定は，1958年以降はハワイ島マウナ・ロア (Mauna Loa) 山頂に設けられた観測所で非破壊赤外線吸収法によって行われてきた．それ以前の濃度は，南極大陸の氷床に閉じこめられていた過去の大気を融解せずに抽出し，ガスクロマトグラフィーまたは赤外線レーザ分析計により求められている．そのほか，大気中濃度の化学分析，原野の樹木の炭素安定同位体比 ($\delta^{13}C$) の分析等によって推定されている．図に示すとおり，大気中の二酸化炭素濃度は7000年前よりわずかに増え続け，19世紀半ばには285 ppmになっていたと推定されるが，その後急激に増加し，現在では380 ppm程度に上昇している．

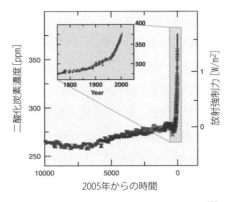

図 1.5 大気中の二酸化炭素濃度の暦年変化[3]

1.3.2 温室効果(greenhouse effect)

太陽から放出されたエネルギーは，大気を通じて地表に吸収されるとともに，地表面から地球外に放出される．大気中に存在する**温室効果ガス**(greenhouse gas)がこの放射熱を吸収し，地表面の温度を生物の生存維持に適切な環境に保ってきた．この温室効果ガスには，二酸化炭素(CO_2)，亜酸化窒素(N_2O)，メタン(CH_4)，ハイドロフルオロカーボン(HFCs)，パーフルオロカーボン(PFCs)，六フッ化硫黄(SF_6)が対象とされている．これらの温室効果ガスの主たる発生源は，二酸化炭素は化石燃料の燃焼，メタンは農業，家畜のふん尿等バイオマスの腐敗，亜酸化窒素は肥料や化学燃料の燃焼である．HFCsは冷媒，PFCsは溶剤，SF_6は電気製品の断熱材等に使われていて，機器の分解等により放出される．これらは人類の活動により大量に放出されるもので，最近急速に温室効果ガスの濃度が上昇している．

「**気候変動に関する政府間パネル**」(Intergovernmental Panel on Climate Change：IPCC)は「人間活動による排出が続くと，人類がかつて経験したことのない気候の変化が生じ，それにともなって海面の上昇等自然や人間に重大な影響をもたらしかねない」と警告した．図1.6に，過去160年間の地上温度の暦年変化を示す．1980年頃から平滑曲線よりプラス側に移っており，近年急速に増大していることがわかる．

気候システムの変化は自然要因だけでは説明できない．現在の気温上昇やエネルギーバランスはさまざまな要因によって変化している．その要因の一つが温室効果ガス濃度であるが，それ以外にも，図1.7に示すエアロゾル濃度，地表面の特性の変化などによってバランスが変化する．それぞれの要因による変化量を**放射強制力**[†]とい

[†] 放射強制力(radiative forcing)とは，気象学における用語で，地球に出入りするエネルギーが地球の気候に対してもつ放射の大きさのこと．気温や海水温に影響を与え，正の放射強制力は温暖化，負の放射強制力は寒冷化を起こす．

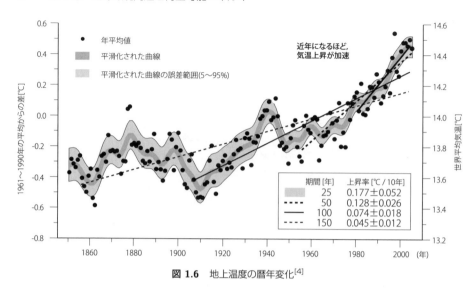

図 1.6 地上温度の暦年変化[4]

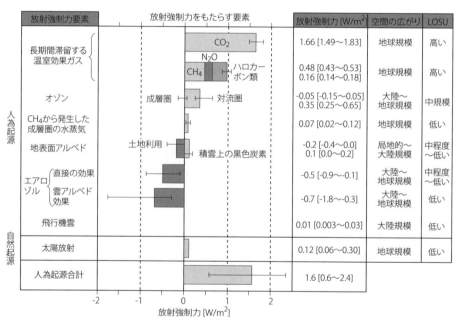

図 1.7 放射強制力の構成（1750～2005 年）[5]

う値を用いて示される．産業革命以降のこれらの要因の変化には，人間活動が深く関係しており，1750 年以降の人間活動が温暖化をもたらしたことの確信度は非常に高いとされている．

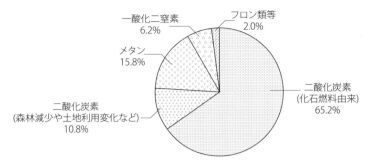

図 1.8 人為起源温室効果ガス総排出量の内訳(2010 年,二酸化炭素換算量での数値)[6]

温室効果ガスの地球温暖化の寄与率は図 1.8 に示すとおり,二酸化炭素 76%,メタン 15.8%,一酸化二窒素(亜酸化窒素) 6.2%等となっており,二酸化炭素の影響がもっとも大きい.

1.4 環境問題に対する国際的な取り組み

1972 年にローマクラブが『成長の限界』を発表して以来,地球温暖化問題に対して,国際的に以下のように取り組まれてきた.

気象変動枠組条約締結国会議(COP1)　気候変動枠組条約のもとに気候変動枠組条約締結国会議(COP)が設置され,1995 年にドイツのベルリンで第 1 回会議(COP1)が開催された.次のことを COP3 までに採択するというベルリンマンデートが採択された.
- 2000 年以降の先進国における温室効果ガスの排出抑制
- 温暖化防止のための政策・処置を規定する議定書

第 3 回締約国会議(COP3)　1997 年に京都で開かれた第 3 回会議(COP3)で採択された.京都議定書の内容は次のとおりである.
- 数値目標　京都議定書に盛り込まれた数値目標を表 1.1 に示す.
- 吸収源と柔軟性措置(京都メカニズム)　国際的に協調して,目標を達成するため,森林による吸収源と京都メカニズムを導入する.
- 京都議定書発効の要件　京都議定書の発行は議定書に記述されている 55 カ国以上の締結と,1990 年議定書締結国の排出量の合計が議定書に記述されている国の総排出量の 55%以上であることが必要であり,米国,中国等の多量排出国が締結しないものの,2004 年にロシアが締結したことにより,2005 年に発効した.

第 15 回締約国会議(COP15)　2009 年にデンマーク コペンハーゲンで開催され,約 190 カ国から 1 万人以上が参加した.30 近くの国・機関の首脳レベルの協議・

表 1.1 京都議定書数値目標

項目	数値目標
対象ガス	二酸化炭素,メタン,亜酸化窒素,代替フロン(HFC,PFC),六フッ化硫黄(SF_6)
基準年	1990年(ただし HFC,PFC,SF_6 は1995年)
目標期間	2008年~2012年の5年間
削減目標	先進国および市場経済への移行国全体の目標:5% 8%削減:EU(ヨーロッパ連合)等 7%削減:アメリカ 6%削減:カナダ,日本等 0%削減:ニュージーランド,ロシア,ウクライナ 8%増加:オーストラリア
次期目標期間への繰り上げ(バンキング)	認める
次期目標からの借り上げ(ボローイング)	認めない
共同達成	EUなどの複数の国が数値目標を達成することを認める

交渉の結果,「コペンハーゲン合意」が作成された(表1.2).世界全体の気温の上昇が2°C以内にとどまるべきであるとの科学的見解を認識し,長期の協力的行動を強化することが決まった.

第16回締約国会議(COP16)以降の枠組み条約と今後の予定

(ⅰ) COP16が2010年にメキシコのカンクンで開催され,「コペンハーゲン合意」に基づく,先進国の削減目標,森林等吸収源(LULUCF)市場メカニズムの活用,対象ガス等について,また,新たに設けられた適応,資金,技術に関する組織による取り組みについて議論された.

(ⅱ) COP17が2011年に南アフリカ共和国のダーバンで開催され,将来の枠組みについて議論された.また,京都議定書第二約束に向けた合意,緑の気候基金,およびカンクン合意の実施のための一連の決定がなされた.

(ⅲ) COP20が2014年にペルーのリマで開催され,すべての国が共通ルールに基づいて温室効果ガスの削減目標を作る方針で一致し,合意文書を採択された.

(ⅳ) COP21が2015年にパリで開催され,途上国を含む196カ国が参加し,パリ協定が採択された.パリ協定では,世界共通の目標として,気温上昇を2°C未満にし,1.5°C減以内に向け努力することが決められた.また,主要排出国を含むすべての国が削減目標を5年ごとに見直し,提出することとなった.各国の批准が進み,2016年11月に発効した.日本は批准が遅れており,早期の手続きとそ

表 1.2 コペンハーゲン合意に基づく CO_2 削減目標値

国・地域	基準年	中期目標
日本	1990	▲25%
EU	1990	▲20%～▲30%*
米国	2005	▲17%
カナダ	2005	▲17%
オーストラリア	2000	▲5%～▲25%*
ニュージーランド	1990	▲10%～▲20%*
ロシア	1990	▲15%～▲25%*
ブラジル	―	▲36.1%～▲38.9%
韓国	―	▲30%
中国	―	▲4%
インド	2005	▲20%～▲25%

- 主要排出国は，おおむね各国の目標値を公表．
- 先進国は排出削減総量を，途上国は BAU 比もしくは原単位ベースで国別行動を約束．BAU（business as usual）比とは特段の対策のない自然体ケース．
* 各国の目標の上限値は，各国動向など前提付き．

の後の国内法整備が求められている．

1.5 環境問題，エネルギー問題に対する日本の取組み

日本のエネルギー・環境問題に対する取り組みの経緯を以下に述べる．

1.5.1 石油危機とエネルギー政策

1973 年に発生した第一次石油危機に対応し，エネルギーの安定供給確保のため，石油安定供給源の確保，石油備蓄を行い，石油依存度の低減とともに石油代替エネルギーによるエネルギー源の多様化，省エネルギーの推進，新エネルギーの研究開発実施等の施策がとられた．

1974 年には新しいエネルギーの確保のため「サンシャイン計画（Sunshine Project）」，1978 年には省エネルギー技術の開発のため「ムーンライト計画（Moonlight Project）」が発足した．サンシャイン計画では再生可能エネルギー（renewable energy）として，太陽エネルギー，風力エネルギー，地熱エネルギーなどが，また石油代替エネルギーとして石炭ガス化・液化などが旧工業技術院のプロジェクトとして開始された．

1979 年には第二次石油危機により，原油価格が高騰し，石油依存度の低減が必要

になった．1980年には「石油代替エネルギーの開発及び導入の促進に関する法律」（代エネ法）が制定され，石油エネルギー技術開発のため，新エネルギー開発機構（現在の独立行政法人新エネルギー・産業技術総合開発機構，以下NEDO）が設立された．石油の安定供給に対する不安と原油価格の高騰により，「省エネルギー（energy conservation）」の重要性が確認された．1979年には「エネルギーの使用の合理化等に関する法律（省エネ法，Energy Conservation Law）」が制定された．

一方，1993年には，地球環境保全を前提とした人類の持続的発展を推進するため，新エネルギー，省エネルギー，および環境対策技術を一体化して開発を推進するため，サンシャイン計画，ムーンライト計画，環境開発技術を一本にした「ニューサンシャイン計画（エネルギー・環境領域総合技術開発推進計画，New Sunshine Project）」が発足した．民間企業，大学，国立研究所等の産学官一体の体制のもとに，NEDOを通じて太陽光発電，燃料電池発電の研究開発プロジェクト推進がスタートした．

1.5.2 京都議定書採択以降のエネルギー政策

1997年，COP3（京都会議）で温室効果ガスの削減を定めた京都議定書が採択され，わが国は基準年（1990年）の6%の排出量を，2008～2012年の第一約束期間に削減する約束をした．

この間，1994年には新エネルギー導入大綱が閣議決定された．この大綱では，次のものを新エネルギーとして重点導入を図るとされた．

- 再生可能エネルギー（太陽光発電，風力発電）
- リサイクルエネルギー（廃棄物発電等）
- 従来型エネルギーの新利用形態（クリーンエネルギー自動車，天然ガスコージェネレーション，燃料電池等）

1997年4月に「新エネルギー利用等の促進に関する特別措置法（Law Concerning Promotion of Development and Introduction of Alternative Energy）」が，1997年9月に新エネルギー法の規定に基づき，「新エネルギー利用等の促進に関する基本方針（Basic Plan for Promotion of Development and Introduction of Alternative Energy）」が制定され，必要なエネルギー消費に可能な限り新エネルギーの導入を図るための措置がとられた．

1998年には，地球温暖化対策の総合的推進を行うため「地球温暖化対策推進大綱（General Principles for Promotion of Measures for Global Warming）」が策定された．施策のうち二酸化炭素排出量削減のため，エネルギー政策と重複して，省エネルギーの推進，新エネルギー導入等のほか，廃棄物の有効利用，木材資源の有効利用による二酸化炭素削減等が盛り込まれている．これにともない，1998年「地球温暖化

対策の推進に関する法律(General Principles for Promotion of Measures for Global Warming, 地球温暖化対策推進法)」が制定され，省エネ法が改正され，事業者の一層の省エネルギーに対する責務の強化と，省エネルギー機器の開発・導入がよびかけられた．2002年には，新地球温暖化対策推進大綱の閣議決定，地球温暖化対策推進法の改正，省エネ法の改正がなされた．

1.5.3　エネルギー基本計画(basic energy plan)

わが国のエネルギー政策の大きな方向性を示すことを目的として，「エネルギー政策基本法(Basic Act on Energy Policy)」が議員立法にて2002年に制定された．エネルギー政策基本法第12条には，政府がエネルギー需給に関してエネルギー基本計画を定めることが規定されており，2003年に第一次エネルギー基本計画が閣議決定された．このエネルギー基本計画では原子力発電を基幹電源として推進することが盛り込まれた．さらに，化石燃料への依存度を可能な限り下げていくことが重要であるとの立場から，太陽光，風力，バイオマス等の再生可能エネルギーの開発・利用と，中長期的な化石燃料に依存しない水素エネルギー開発等の取り組みを進めることとなった．

2009年の鳩山首相への交代後，同年12月に開かれた第15回気候変動の首脳級会合において，すべての主要国の参加による目標の合意を前提に2020年までに温室効果ガス排出量を1990年度比で25%削減するとの合意がなされた．この方針に基づき，2010年に第三次エネルギー基本計画が策定され，閣議決定された．

1.5.4　長期エネルギー需給見通し

エネルギーの安定供給という課題に加えて，地球温暖化対策という大きな課題が加わり，2001年には「環境保全や効率化の要請に対応しつつエネルギーの安定供給を図る」という基本目標に向け，経済産業大臣の諮問機関である総合資源エネルギー調査会が長期エネルギー需給見通しをまとめた．2001年にこの長期エネルギー需要見通しが策定され，エネルギーの需給量が定量的に示された．2004年にはこのエネルギー需給見通しの見直しと，2030年に向けたエネルギー需給見通しの策定が行われた．

2009年に麻生内閣が目標達成に必要な対策の検討の基礎とするため，諸前提を変更した再計算を行った．見直し後の長期エネルギー需給見通しによる電源構成の推移を図1.9に示す．この図によると，原子力比率が2005年に30.9%であったものが，2020年までに41.5%に，2030年までに48.7%に増やすことになっている．このため，2005年現在で約60%の原子力設備の利用率を2020年に約80%に向上し，新たに9基の原子力発電所を増設することになっている．

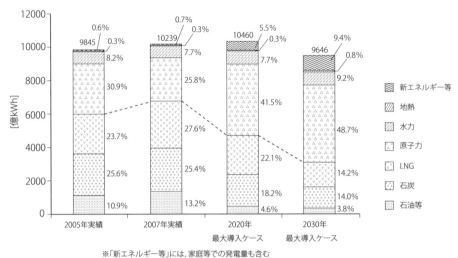

図 1.9 2009 年度長期エネルギー需給見通し(再計算)による電源構成の推移[7]

1.5.5 新エネルギーの概念整理と再生可能エネルギーの導入法案の制定

　石油代替エネルギーである新エネルギーの範囲を拡大，推進するため，1997 年に制定された**「新エネルギー利用等の促進に関する特別措置法」**の施行令が改正され，2008 年に公布された．さらに，2015 年の最新の改正において同法の施行令で規定される新エネルギーは次のものが規定されている．

1. 動植物に由来する有機物であってエネルギー源として利用することができるもの(原油，石油ガス，可燃性天然ガスおよび石炭ならびにこれらから製造される製品を除く．次号および第 6 号において「バイオマス」という)を原材料とする燃料を製造すること．
2. バイオマスまたはバイオマスを原材料とする燃料を熱として利用すること．
3. 太陽熱を給湯，暖房，冷房その他の用途に利用すること．
4. 冷凍設備を用いて海水，河川水その他の水を熱源とする熱を利用すること．
5. 雪または氷(冷凍機器を用いて生産したものを除く)を熱源とする熱を冷蔵，冷房その他の用途に利用すること．
6. バイオマスまたはバイオマスを原材料とする燃料を発電に利用すること．
7. 地熱を発電(アンモニア水，ペンタンその他の大気圧における沸点が百度未満の液体を利用する発電に限る)に利用すること．
8. 風力を発電に利用すること．

9 水力を発電(かんがい,利水,砂防その他の発電以外の用途に供される工作物に設置される出力が千キロワット以下である発電設備を利用する発電に限る)に利用すること.
10 太陽電池を利用して電気を発生させること.

　一方,わが国におけるエネルギーの供給構造は,二度の石油危機以降,脱石油が著しく推進されたものの,いまなお石油,石炭や天然ガスなどの化石燃料がその80%以上を占めており,また,そのほとんどを海外に依存している.さらに,近年,新興国の経済発展などを背景として,世界的にエネルギーの需要が増大している.これにともなって発生する温室効果ガスを削減することが重要な課題となっている.このような状況を考慮して,エネルギーを安定的かつ適切に供給するため,資源の枯渇の恐れが少なく,環境への負荷が少ない太陽光,風力,バイオマス等の再生可能エネルギーや原子力などを含む,非化石エネルギー源(non-fossil sources)の導入をより推進するため,「エネルギー供給事業者による非化石エネルギー源の利用及び化石エネルギー原料の有効な利用の促進に関する法律」(エネルギー供給構造高度化法,Energy Supply Structure Sophisticated Law)が国会による審議を経て,2009年に施行された.この法律の対象範囲を図1.10に示す.エネルギー供給事業者の面では,電気事業者,熱供給事業者,石油事業者などによる非化石エネルギー源の利用および化石燃料エネルギー原料の有効利用を促進することで,エネルギーの安定的かつ適切な供給の確保を図ることを目的としている.

　また,エネルギー源の面では,非化石エネルギーのうち,エネルギー源として永続的に利用できるものとして認められたものを再生可能エネルギーと規定し,「再生可能エネルギー源の利用に係わる費用の負担方法および再生可能エネルギー源の利用の円滑な利用の実行確保に関する事項」が定められている.

　同法(法第二条第三)の政令に定められる再生可能エネルギーは次のとおりである.
1 太陽光
2 風力
3 水力
4 地熱
5 太陽熱
6 大気中の熱その他の自然界に存する熱(前2号に掲げるものを除く)
7 バイオマス(動植物に由来する有機物であってエネルギー源として利用することができるもの(法第2条第2項に規定する化石燃料を除く)をいう)

　上記の法律,政令をまとめた再生可能エネルギーの概念を整理すると,図1.11のようになる.

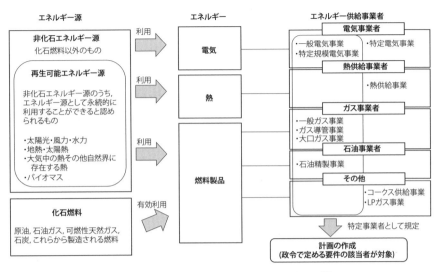

図 1.10　エネルギー供給構造高度化法の対象範囲[8]

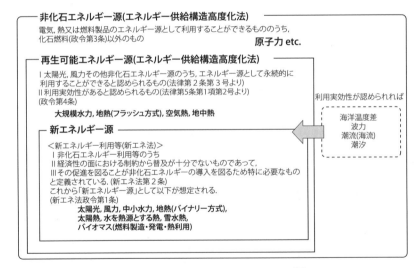

図 1.11　再生可能エネルギーの概念整理[9]

1.5.6　東日本大震災と福島第一原子力発電所事故以降のエネルギー政策

　1.5.3 項で述べた第三次エネルギー基本計画が策定された翌年の 2011 年 3 月 11 日に，三陸沖東方 70 km の太平洋の海底を震源とする東北地方太平洋沖地震が発生した．この地震と津波の発生により，福島第一原子力発電所の 1～3 号機で多量の放射

性物質が漏洩する大事故となった．この事故は原子力発電所の安全性に疑問を投げかけ，当時54基の運転可能な原子力発電所は，震災により停止，あるいはその後の定期検査で停止し，2014年8月に稼働中の原子力発電所はゼロとなった．

東日本大震災による福島第一原子力発電所の事故後，原子力規制委員会が設置された．順次運転を停止した全国の原発を再稼働するためには，より厳格な規制基準への適合と，敷地内の断層の調査が必要となった．また，新規制基準に適合し，敷地内断層の再調査が行われた原発は，最後に地元の同意が必要とされた．

福島第一原子力発電所事故直後の民主党菅政権は，エネルギー政策の考え方について「3E」から「S＋3E」と「時間軸」（電源開発リードタイム，技術進展など）をふまえた優先度の見直しを行った（図1.12参照）．

エネルギー政策の基本理念である3E（安定供給，経済性，環境保全）は不変であるが，安全性を加えてS（安全性）を大前提であることを再確認する．とくに原子力については，安全対策に万全を期すとした．

2012年末に民主党野田政権から交代した自民党安倍政権では，エネルギー政策が再度変更されることとなった．総合資源エネルギー調査会の基本政策分科会において，エネルギー基本計画について以下の議論・取りまとめが行われた．2014年に第四次エネルギー基本計画が閣議決定され，次のとおりとなっている．

（ⅰ）原子力発電は安全性の確保を大前提に，エネルギー需給構造の安定性に寄与する重要なベースロード電源であると位置付ける（図1.13）．

（ⅱ）原発依存度については，省エネルギー・再生可能エネルギーの導入や火力発電所効率化などにより，可能な限り低減させる．

（ⅲ）再生可能エネルギーは低炭素の国産エネルギー源であり，2013年から3年程度，導入を最大限加速し，その後も積極的に推進する．

（ⅳ）再生可能エネルギー等の割合は13.5%（1414億kWh），2030年の割合は約2割（2140億kWh），という目標値を注釈に記載し，2020年に再生可能エネルギー

図1.12 エネルギー政策「S+3E」の概念[10]

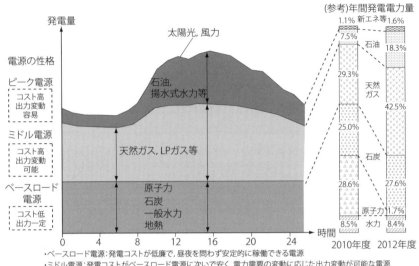

図 1.13 第四次エネルギー基本計画で記述された電源構成の考え方[11]

の割合は 20% 程度を目標とする.

第四次エネルギー基本計画が施行されたのち，2016 年 8 月で，全国で 16 原子力発電所，21 基の原発について再稼働申請が行われ，5 基（川内 1, 2 号，高浜 3, 4 号，伊方 3 号）が審査合格となった．九州電力川内 1, 2 号は 2015 年に再稼働したが，関西電力の再稼働中の 3, 4 号機の運転差し止めを求める住民の仮処分申し立てを，大津地方裁判所が認め運転差し止めの決定を出した．高浜原発 3, 4 号機は 2016 年現在停止中で，関西電力の異議申し立てにより再稼働を巡る論争が続いている．

1.6 再生可能エネルギーの導入

前節で定義された再生可能エネルギーの導入に向けた，その意義と導入のための施策を，固定価格買取制度を中心に述べる．

1.6.1 再生可能エネルギー導入の意義

わが国のエネルギー安全保障　　わが国は化石燃料のほぼ全量を海外から輸入している．近年，新興国の経済発展によって，エネルギー獲得の競争が激化し，安定した供給が今後さらに困難になることが予想される．東日本大震災後は，原子力発電所の停止にともない，エネルギー自給率のもっとも低い国である（2014 年で 6%）．再生可能

エネルギーは，日本国内に賦存する太陽光や風力，地熱などを活用する純国産エネルギーであることから，わが国のエネルギー安全保障の強化に貢献できる．

二酸化炭素を排出しないエネルギー　　化石燃料を燃焼して電気を作る火力発電所は，大量の CO_2 を排出する．これに対して，太陽光発電，風力発電，水力発電，地熱発電等の再生可能エネルギーは発電時に CO_2 を排出しない．

新たなエネルギー産業の創出　　再生可能エネルギーによる新たなエネルギー産業が創出できる．

1.6.2　再生可能エネルギー導入の施策

2003 年からは，「電気事業者による新エネルギー等の利用に関する特別措置法」に基づき，**RPS**（Renewable Portfolio Standard）**制度**を開始した．RPS 法は，再生可能エネルギーに対する普及促進事業者による自主的な買取制度である．2011 年，電気事業者による再生可能エネルギー電気の調達に関する特別措置法施行規則が改正され，固定価格買取制度をわが国でも導入し，再生可能エネルギーの大幅な導入が進められている．

(1)　固定価格買取制度(FIT, Feed-In-Tariff)

2011 年に「電気事業者による再生可能エネルギー電気の調達に関する特別措置法（再生可能エネルギー特措法）」が成立し，再生可能エネルギーの育成を目的とした固定価格買取制度が始まった．固定価格買取制度は，再生可能エネルギーの導入および育成にあたって，次の 3 項目を推進することを目的としている．

- 国産エネルギーとして，エネルギー自給率をアップすること
- CO_2 の排出を減らし，地球温暖化対策を進めること
- 日本の得意な技術を活かし，日本の未来を支える産業を育成すること

(2)　固定価格買取制度のしくみ

固定価格買取制度は，発電者が対象となる再生可能エネルギーで発電した電気を，一定の期間・価格で買い取ることを電力会社に義務付けるものである．再生可能エネルギーの発電に取り組む事業者にとっては，設備投資など，必要なコストの回収の見込みを立てやすく，新たな取り組みを促進することが可能となる．固定価格買取制度の基本的なしくみを図 1.14 に示す．

(3)　固定価格買取制度の対象となる再生可能エネルギー

電気事業者による再生可能エネルギー電気の調達に関する特別措置法施行規則（平成 24 年経済産業省令第 46 号）によって，再生可能エネルギー買取の対象と再生可能エネルギー発電設備が定められており，表 1.3 のとおりとなっている．

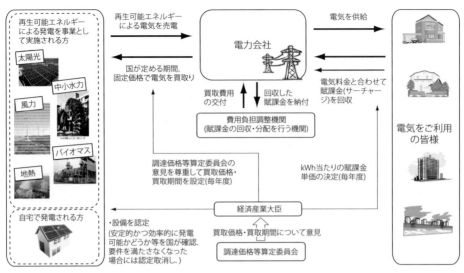

図 1.14 固定価格買取制度の基本的なしくみ[12]

表 1.3 固定価格買取制度の対象[13]

対象	発電設備
太陽光	（ⅰ）10 kW 未満の太陽光
	（ⅱ）10 kW 未満の太陽光で住宅用であって認定した設備で発電されたもの．発電設備で発電されたもの．
	（ⅲ）太陽光発電設備であって，その出力が 10 kW 以上のもの
風力	（ⅰ）風力を電気に変換する設備(以下「風力発電設備」という)であって，その出力が 20 kW 未満のもの
	（ⅱ）風力発電設備であって，その出力が 20 kW 以上のもの
水力	（ⅰ）水力を電気に変換する設備(以下「水力発電設備」という)であって，その出力が 200 kW 未満のもの
	（ⅱ）水力発電設備であって，その出力が 200 kW 以上 1000 kW 未満のもの
	（ⅲ）水力発電設備であって，その出力が 1000 kW 以上 30000 kW 未満のもの
地熱	（ⅰ）地熱を電気に変換する設備(以下「地熱発電設備」という)であって，その出力が 15000 kW 未満のもの
	（ⅱ）地熱発電設備であって，その出力が 15000 kW 以上のもの
バイオマス	（ⅰ）バイオマスを発酵させることによって得られるメタンを電気に変換する設備
	（ⅱ）森林における立木竹の伐採または間伐により発生する未利用の木質バイオマス
	（ⅲ）木質バイオマスまたは農産物の収穫に伴って生じるバイオマス(当該農産物に由来するものに限る)を電気に変換する設備(第 11 号，第 12 号および第 14 号に掲げる設備並びに一般廃棄物発電設備を除く)．
	（ⅳ）建設資材廃棄物を電気に変換する設備
	（ⅴ）一般廃棄物設備または一般廃棄物発電設備

（4） 固定価格買取制度の調達価格・調達期間

固定価格買取制度の調達価格・調達期間は，経済産業大臣が毎年度，当該年度の開始前に定める．再生可能エネルギー発電設備の区分，設置の形態，規模ごとに定めることになっており，区分等は経済産業省令で定められる．

調達価格は「効率的に事業が実施された場合に通常要する費用」と「1 kWh あたりの単価を算定するために必要な1設備あたりの平均的な発電電力量の見込み」の2点を基礎として算定される．また，配慮事項として「施行後3年間は利潤にとくに配慮」，「賦課金の負担が電気の使用者に対して過重なものとならないこと」の2点が挙げられている．平成28年度の固定価格買取制度調達価格と期間を表1.4に示す．

（5） 再生可能エネルギー設備の認定と設置

再生可能エネルギー発電設備を設置する場合の作業の流れを図1.15に示す．発電事業者が再生可能エネルギーを固定価格買取制度で販売する場合，事前にその設備の認定を受ける必要がある．設備認定とは，再生可能エネルギーの設備が法令で定めた要件に適合していることを，国において確認することである．

（6） 再生可能エネルギー賦課金

賦課金を徴収し，分配する制度について図1.16に示す．賦課金は，電気を使う需要家が電気料金の一部として，電気の使用量に比例して負担する．再生可能エネルギーの賦課金の単価は，全国一律の単価になるよう調整されている．事業者によって集められた再生可能エネルギー賦課金は費用負担調整機関に納付され，この機関は毎月，電気事業者から報告を受けた買取費用から各事業者の回避可能費用等を差し引いた金額を，交付金として各電気事業者に交付する．

電気事業**再エネ賦課金**の単価は，調達価格等をもとに年間でどのくらい再生可能エネルギーが導入されるかを推測し，毎年度，経済産業大臣が決める．2016（平成28）年度の賦課金の算定法を図1.17に示す．

1.6.3　固定価格買取制度開始後の再生可能エネルギー導入の状況

わが国における再生可能エネルギーの導入量は，2009年に施行された余剰電力買取制度や，2012年に施行された固定価格買取制度により導入が推進されている．図1.18に大規模水力を除く再生可能エネルギーの導入量の推移を示す．2015年6月末時点で42.16 GW（わが国の総発電電力全体の約1.6%）に達している．2009年から2012年までの年平均伸び率は余剰電力買取制度の効果もあって約9%となり，さらに2013年4月以降は33%の伸び率となっている．

図1.19に，わが国の再生可能エネルギーの導入状況と賦課金による支援状況およ

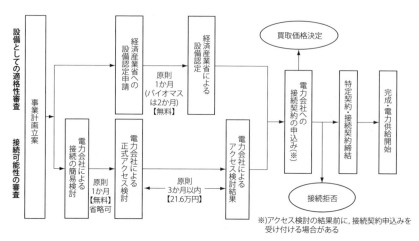

図 1.15　再生可能エネルギー発電設備を設置するまでの流れ[15]

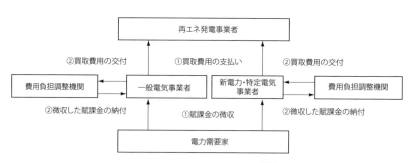

図 1.16　賦課金の回収・分配[15]

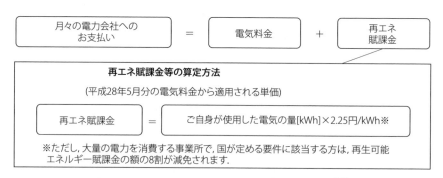

図 1.17　2016（平成28）年度再エネ賦課金の算定方法[16]

表 1.4　2016(平成 28)年度固定価格買取制度調達価格と期間[14]

区分		調達価格 (1 kWh あたり)	調達期間	(参考 H27)	(参考 H26)
太陽光	10 kW 以上	24 円+税	20 年間	29～27	32
	10 kW 未満	31～33 円	10 年間	33～35	37
	10 kW 未満 ダブル発電	25～27 円	10 年間	—	—
風力	20 kW 以上	22 円+税	20 年間	22	22
	20 kW 未満	55 円+税	20 年間	55	55
	洋上風力*1	36 円+税	20 年間	36	36
地熱	15000 kW 以上	26 円+税	15 年間	26	26
	15000 kW 未満	40 円+税	15 年間	40	40
水力	1000 kW 以上 30000 kW 未満	24 円+税	20 年間	24～14	24～14
	200 kW 以上 1000 kW 未満	29 円+税	20 年間	29～21	29～21
	200 kW 未満	34 円+税	20 年間	34～25	34～25
既設導水 路活用中 小水力*2	1000 kW 以上 30000 kW 未満	14 円+税	20 年間	24～14	24～14
	200 kW 以上 1000 kW 未満	21 円+税	20 年間	29～21	29～21
	200 kW 未満	25 円+税	20 年間	34～25	34～25
バイオマス	メタン発酵ガス	39 円+税	20 年間	39	39
	間伐材等由来の木質	40～32 円+税	20 年間	32～40	32
	一般木質・農作物 残渣	24 円+税	20 年間	24	24
	建設資材廃棄物	13 円+税	20 年間	13	13
	一般廃棄物その他	17 円+税	20 年間	17	17

*1 建設および運転保守のいずれの場合にも，船舶等によるアクセスを必要とするもの．
*2 すでに設置している導水路を活用して，電気設備と水圧鉄管を更新するもの．

び買取費用の推移の状況を示す．2012 年の固定価格買取制度の導入等により，再生可能エネルギー導入量は大幅に増加したため，固定価格買取制度に基づく賦課金は 2013 年度に総額 3300 億円となった．2015 年度の総額約 1 兆 3200 億円であり，大きく増加した．

　2012 年の固定価格買取制度の導入等により，再生可能エネルギー導入が急速に行われ再生可能エネルギー接続拒否の問題が発生し，賦課金も不足する事態が生じたことにより，経済産業省による認定手続き，買取価格，賦課金単価の変更が行われた．

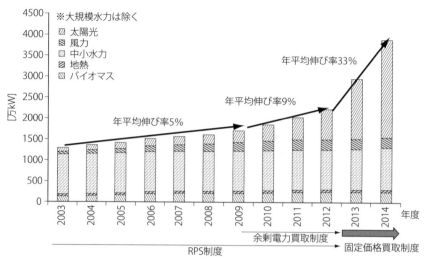

図 1.18 わが国の再生可能エネルギー導入割合の推移[15]

図 1.19 わが国の再生可能エネルギーの導入状況と賦課金による支援状況および買取費用の推移[17]

平成 28 年度の賦課金単価は，1 kWh あたり 2.25 円（標準家庭（1 カ月の電力使用量が 300 kWh）で月額 675 円）と決定され，図 1.17 に示す．賦課金の引き上げは，再生可能エネルギーの導入量が増加するに従って増加してきたドイツと同じ経過をたどっており，国民の負担が増えていくことになるだろう．

1.7 再生可能エネルギーの特徴と導入推進に向けた課題

1.7.1 特徴

経済性　再生可能エネルギーは，全般的に発電コストが高い．このため，設備コスト低減のための技術対策や導入の促進への政策的な支援と初期需要創出により，量産化，習熟効果を実現し，経済性の向上を図ることが必要である．図1.20に再生可能エネルギーの発電コストを示す．再生可能エネルギーのコストは石炭火力や原子力発電コストよりいずれも高い．

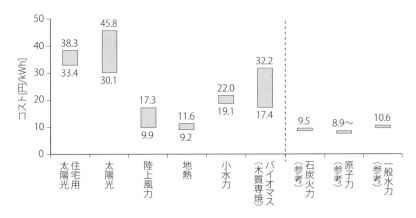

図 1.20　各種発電コストの比較[18]

エネルギー収支　エネルギーを生産するための発電設備などの製造・建設や，設備の廃却などを含めた投入エネルギーの「元が取れる」までの期間を**エネルギーペイバックタイム**(Energy Payback Time：EPT)，投入エネルギーに対する出力エネルギーの比率を**エネルギー収支比**(Energy Payback Ratio：EPR)とよぶ．具体的な計算を10.4節で後述する．

出力の安定性　地熱発電，水力発電，バイオマス発電は出力が安定し，かつ出力調整も可能な電源であり，系統への影響はないが，太陽光発電や風力発電のような気象条件によって出力が変動する電源については，大量に導入された場合に系統へさまざまな影響を与えるとされている．太陽光発電，風力発電等の自然エネルギーは，日照や風況等に依存し，出力が不安定である．このため，安定した電力供給を確保するには，補完的な調整電源や蓄電池との組合せが必要である(図1.21)．

利用効率　再生可能エネルギーの中には，太陽光発電，風力発電のように変換効率が低く(発電の変換効率は0〜15％)，設備利用率が低い(太陽光発電の利用率：12％,

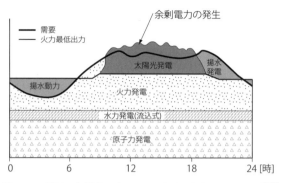

図 1.21 発電の大量導入時における余剰電力発生のイメージ[19]

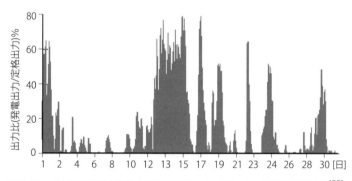

図 1.22 風力発電の出力変動の例(旧飛竜ウィンドパーク，1999年8月)[20]

風力発電の利用率は風況に依存するが15〜30%程度)ものがある(図1.22)．このため，発電の変換効率や利用効率の向上にかかわる技術開発を行うことが必要である．

環境への影響　再生可能エネルギーの導入にあたっては，大規模風力発電の導入による景観・騒音への影響，廃棄物発電・熱利用施設の導入にかかわる環境影響，地域住民の理解の増進などへの対応を図ることが必要である．また，洋上風力発電の導入に際して，港湾や航行，漁業等の海域利用者と協調していく必要がある．

資源量　再生可能エネルギーは半永久的に利用可能かつ膨大な資源量が存在する．

設備の信頼性　太陽光発電設備や風力発電設備のように，小規模分散型の再生可能エネルギー設備の信頼性は高く，老朽化の影響も少ない．数百〜数千kW規模の風力発電所や太陽光発電所においては，100%近い稼働率も記録されている．

環境税　海外諸国ではすでに導入され，多くの国で温室効果ガス排出量削減に貢献している．化石燃料に直接課税するだけでなく，固定価格買取制度と併用するドイツでは，環境税収の9割を雇用にかかる人件費抑制(具体的には社会保険料の縮減)，残

り1割は環境対策に用いて，雇用への影響抑制に用いている．日本でも有効な手段になると考えられており，環境省は得られた税金を地球温暖化対策に用いる(特定財源とする)方式による**炭素税**導入を提案している．

1.7.2 再生可能エネルギーの導入促進に向けた課題

再生可能エネルギーの固定価格買取制度導入により，とくに太陽光発電の導入が急速に進みつつある．エネルギー基本計画において，「再生可能エネルギー源の最大の利用の促進と国民負担の抑制を，最適な形で両立させるような施策の組合せを構築する」と明示されている．

今後の課題として，次のような検討項目が挙げられる．
（ⅰ）調達価格の設定や接続ルールのあり方
（ⅱ）地域間連系線の増強
（ⅲ）地域内送電網の増強
（ⅳ）技術開発等による電源設備，設置のコストダウン
（ⅴ）導入促進のための規制緩和
- 土地利用制約の緩和
- 環境アセスメントの迅速化
- 電力系統情報の開示
- 設備保安基準等の規制緩和

1.8 日本の再生可能エネルギーの導入見通し

経済産業省において，2014年に策定された第四次エネルギー基本計画をふまえてエネルギー需給見通しが策定された．今般の長期エネルギー需給は，中長期的視点から2030年のエネルギー需給構造の見通しが策定されている．図1.23に2030年の一次エネルギーの需給構造を，図1.24に2030年の電力需要・電源構成を示す．エネルギーの需給量の比率は全一次エネルギーのうち原子力を10～11％程度に，再生可能エネルギーを13～14％とするとし，エネルギー自給率を24.3％まで増加させることとなっている．また，2030年の総発電電力量に占める比率については，原子力を22～20％に，再生可能エネルギーを22～24％にすることとなっている．

一方，環境省の「平成26年度2050年再生可能エネルギー等分散型エネルギー普及可能性検証検討委託業務報告書」により，再生可能エネルギーの導入量を図1.25，図1.26に示すとおり予測している．2050年には再生可能エネルギーの一次エネルギーとしての供給量では直近年の3.6～6.5倍に，また再生可能エネルギーの発電設備容量

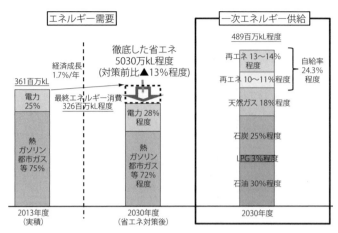

図 1.23 日本における 2030 年のエネルギー需要・一次エネルギー供給の見通し[21]

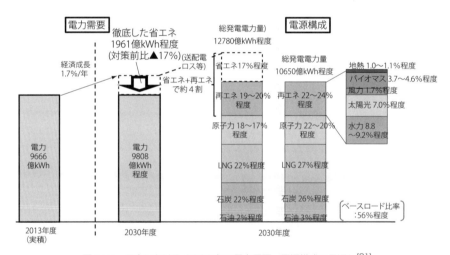

図 1.24 日本における 2030 年の電力需要・電源構成の見通し[21]

では 5.4～9.3 倍に拡大しようとしている．

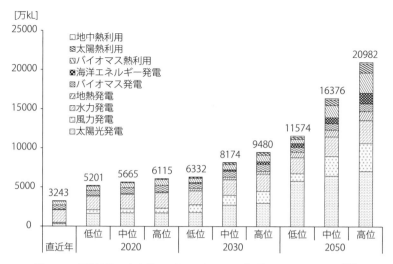

図 1.25 再生可能エネルギーによる一次エネルギー供給量の導入見通し[22]

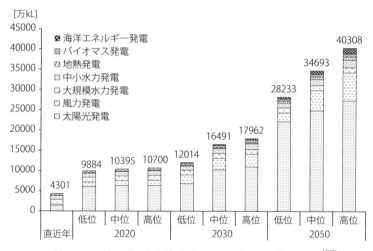

図 1.26 再生可能エネルギー電気の発電設備容量の導入見通し[22]

第2章 太陽エネルギー

この章の目的

太陽は，地球上の生物に光，温熱エネルギーによる恵みを与えている．地球に到達した太陽のエネルギーは直接利用されるばかりではなく，地上，海洋に吸収され，水力，風力，海洋などの間接的なエネルギーを作り出している．本章では，**太陽エネルギー**（solar energy）を積極的に直接利用する**太陽光発電**と**太陽熱利用**について学ぶ．

2.1　太陽エネルギーの概要

太陽の中心部では核融合反応が起こっている．すなわち，4個の水素原子核（陽子）が融合して1個のヘリウム原子核になり，その核融合エネルギーで太陽の表面は約 6000 K の高熱源となり，その放射エネルギーは 3.847×10^{26} W になると推定される．**太陽の放射エネルギー**は，波長が 0.2〜3.2 μm 間に分布する放射強度の強い可視光線

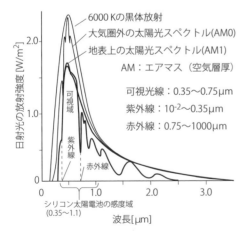

図 2.1　大気圏外および地表上の太陽エネルギーのスペクトル分布[1]

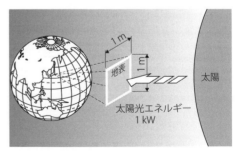

図 2.2　地球に到達する太陽エネルギー密度[1]

が47%，長波長側の赤外線が44%，残りが短波長側の紫外線となっている（図2.1）．

このような太陽光が1億5000万kmの宇宙空間を通過して，地球の大気圏に達する．大気表面で単位時間（1秒間），単位面積（1 m²）あたりに降り注ぐ太陽エネルギーは，**太陽定数**（solar constant）とよばれている．NASAのロケット観測では，1.37 kW/m²となっている．地球の大気圏に到達する総エネルギーは，太陽定数に地球の投影面積を乗じて 1.77×10^{17} Wとなる．全世界のエネルギー消費 1.33×10^{13} Wの約13300倍となる．大気圏に達した太陽エネルギーは，地表面に達するまでにオゾン，空気，水蒸気，塵埃などに遮られ，吸収または反射され，地表面に到達するまでに約70%に減少する．すなわち，地表面では 1 kW/m²（ = 3.6 MJ/h）となる（図2.2）．これらの全エネルギーは 1.25×10^{17} Wとなる．

地球に到達する総エネルギーの47%が地表で直接熱となる（図2.3）．23%は蒸発，降水のエネルギーとして使われる．また，0.2%は海水や氷の中に蓄積されるか，風，波，海水の対流のエネルギーとなり，0.02%は動植物の育成，光合成のエネルギーとして使われ，**バイオマスエネルギー**となる．石油，石炭，天然ガスなどの化石燃料も，大昔に太陽エネルギーで育成された動植物の死骸が蓄積されたものであり，地熱と原子力以外の風力，水力，海洋温度差，波力発電等すべてのエネルギーは，太陽エネルギーが起源であるといえる．気象現象にかかわる自然エネルギーと動植物の育成・光合成にかかわるバイオマスエネルギーは，太陽エネルギーの間接利用にあたるので第4章で述べ，本章では太陽光発電と太陽熱利用について述べる．

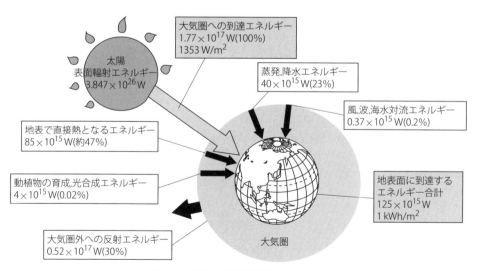

図2.3　地表で受ける太陽光エネルギー

2.2 日射量

前節で述べたように太陽エネルギーの地表面でのエネルギー量は，約 $1\,\mathrm{kW/m^2}$ ($3.6\,\mathrm{MJ/h}$)である．地表面に到達するすべての日射量のことを**全天日射量**とよぶ．全天日射量は直達日射量に散乱日射量を加えて求められる．すなわち以下の関係が成り立つ．

$$全天日射量 = 直達日射量 + 散乱日射量 = 1\,\mathrm{kWh} = 3.6\,\mathrm{MJ}$$

日射量分布　　世界および日本の日射量の分布を図 2.4 および図 2.5 に示す．日射量は建築設計，集光量および太陽光発電量の掌握に必要なデータである．全国主要都市の日射量データが公開されている[3]．データのない地域に対しては本分布図から目安の値が得られる．冷暖房給湯用の傾斜角は春分，秋分の南中時の角度が最適とされ，垂直面の日射量は蓄熱壁での集光に有効である．

集熱量，発電量を検討するためのデータは，日本気象協会委託調査として全国 801 地点で測定した「全国日射量データベース」が NEDO から公表されている．

日射量の季節変化，時間変化　　日射量は季節・時間・天候により変化する(図 2.6，図 2.7)．集熱機器の最適傾斜角を求めるために時間変動，月変動の日射量データが必要である．

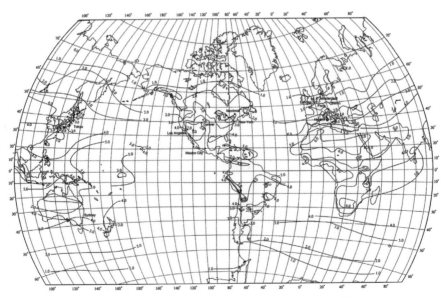

図 **2.4**　世界の水平面年平均全天日射量(kWh/($\mathrm{m^2\cdot}$日))[1]

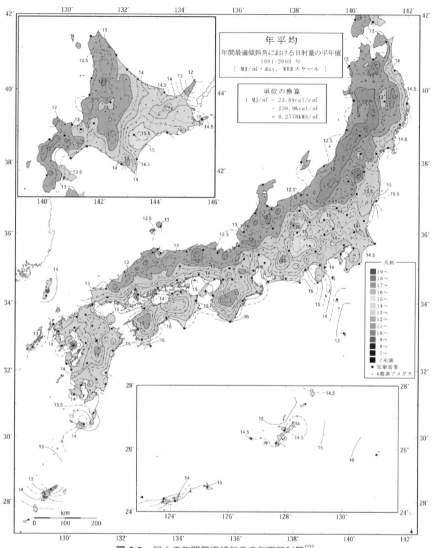

図 2.5 日本の年間最適傾斜角の斜面日射量[2]

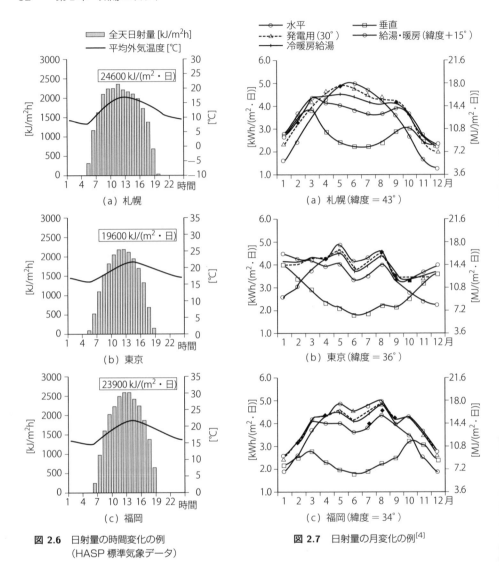

図 2.6 日射量の時間変化の例
(HASP 標準気象データ)

図 2.7 日射量の月変化の例[4]

2.3 太陽エネルギーの利用法

太陽エネルギーの利用には，(ⅰ)太陽光から太陽電池を用いて直接発電して電力として利用する**太陽光発電**，(ⅱ)熱として集熱し直接給湯や冷暖房に利用する熱利用，および反射鏡を利用して直達光を集光して熱に変え，蒸気タービンで発電する**太陽熱発電**等がある．太陽エネルギーの利用法を図 2.8 に示す．

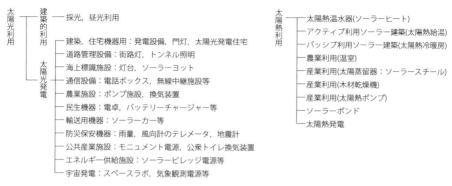

図 2.8 太陽エネルギーの利用法

2.4 太陽光発電

2.4.1 太陽光発電の概要

光が半導体に当たると電気が発生する現象を利用して発電する装置を太陽電池という．これを用いて太陽光エネルギーを直接電気に変換するシステムを，**太陽光発電システム**（photovoltaic power generating system，略して PV システム）とよぶ．これは二酸化炭素の排出をともなわず，各地で容易に設置可能なことから，ますますその導入が期待されている．

世界の主要国における太陽光発電の導入量の推移を図 2.9 に示す．

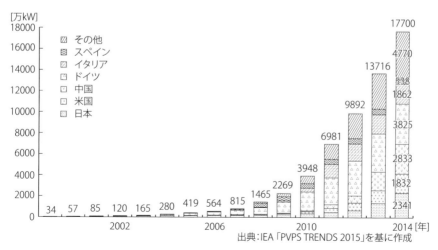

図 2.9 世界の累積太陽光発電設備容量[5]

世界の主要国における太陽光発電の導入量は2000年代後半から増加が加速し，2014年の累積導入量は約1.8億kWに達した．導入の拡大には，2000年前後に欧州諸国で導入されたFITによる効果が大きく，太陽光発電の買取価格が高額に設定されたこと等によりドイツ，イタリア，スペイン等で顕著な伸びを示している．

日本でもFITが2012年7月に導入されたことにより，導入が大幅に拡大した．2014年の累積導入量で見ると，日本（23.41 GW）はドイツ（38.25 GW），中国（28.33 GW）に次いで世界第3位となっている．

太陽光発電市場が大きく拡大したことで，太陽光発電の導入拡大の経済的波及効果として雇用創出等が期待されるが，他方でFITによる買取費用は最終的に消費者に転嫁されるしくみとなっているため，費用負担の増大も懸念されている．

世界の国別累積設置容量の比較を図2.10に示す．日本は2004年末まで世界最大の太陽光発電導入国であったが，ドイツの導入量が急速に増加した結果，2005年にはドイツに次いで世界第2位となり，2014年末時点では，日本はドイツ，中国に次ぐ世界第3位の累積導入量となっている．

図2.11にわが国における導入量推移を示す．2012年から固定価格買取制度が開始された．このことにより太陽光を含む各再生可能エネルギーの新規参入事業者が相次いでおり，太陽光発電をはじめとする再生可能エネルギー導入が急速に進み始めている．とくに，急速に産業用途（非住宅型）の太陽光発電の導入量が拡大したため，電力会社の送電線容量が不足し，2014年後半には電力会社による系統接続保留の問題が発生した．

太陽光発電のコストは，技術開発と導入の促進にともない急速に低減され，電力会社による全量買取制度も整えられたことから，再生可能エネルギーの中でもっとも大きな分野となりつつある．2012年7月に開始した**固定価格買取制度**の効果により非住宅分野での太陽光発電の導入が急拡大し，以降の太陽電池の国内出荷量も急増して

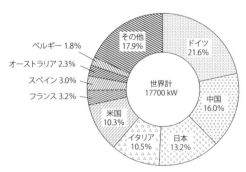

図 2.10 世界の累積太陽光発電容量（2014年度）[5]

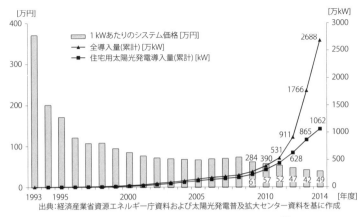

図 2.11 日本における太陽光発電の導入量推移[5]

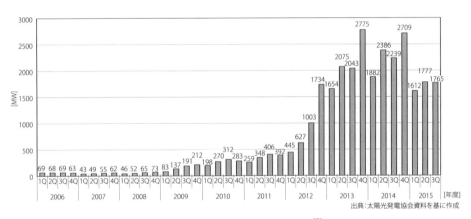

図 2.12 太陽電池の国内出荷量の推移[5]

いる(図 2.12).

2.4.2 太陽電池の原理と特性

(1) 太陽電池の原理

太陽電池は,光エネルギーを直接電気に変換する装置である.太陽電池には,現在すでに実用化されている半導体型と,実用化途上にある色素増感型がある.

図 2.13 に**半導体型太陽電池**の原理図を示す.半導体が光エネルギーを受けると,内部の電子にエネルギーが与えられ,起電力が生じる.これを**光起電力効果**(photovoltaic effect)とよぶ.半導体にはn型半導体とp型半導体の2種類があり,n型とp型を積み重ねた構造となっている.表面に光が当たるとプラスとマイナスをもった粒子(正

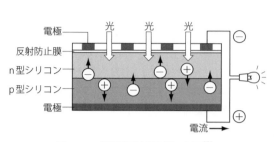
図 2.13 半導体型太陽電池の原理[6]

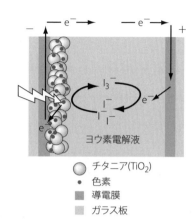
図 2.14 色素増感型太陽電池の原理[6]

孔と電子)が発生し，マイナスの電気は n 型半導体のほうへ，プラスの電気は p 型半導体のほうへそれぞれ移動する．p 型シリコンの周囲には，拡散により薄い n 型シリコンの層が形成され，電極が作られる．

図 2.14 に**色素増感型太陽電池**(dye sensitized solar cell, DSC，または DSSC)の原理を示す．これは，色素のエネルギー吸収作用によって発電するものである．一般に，負極側に色素と酸化チタン(チタニア)を塗布，正極との間にヨウ素電解液を注入し，透明基板などで封入している．色素が光エネルギーを吸収し，励起したエネルギーを電子として酸化チタンに放出する．さらに，酸化チタンは電子を負極に伝える．電子を失った色素は正孔となり，電解液中にあるヨウ素イオン I^- から電子を奪って I_3^- へ酸化する．I_3^- は陽極で電子を受け取って還元され，再び I^- に戻る．このサイクルで発生する電子を利用することによって発電する．

太陽電池の電気出力エネルギーを太陽電池に入射された太陽エネルギーで割ったものを，**変換効率** η といい，次式で示す．

$$\eta = \frac{\text{太陽電池からの電気出力}}{\text{太陽電池に入った太陽エネルギー}} \times 100 \ [\%] \tag{2.1}$$

国際電気規格標準化委員会(IEC TC-82)では，地上用太陽電池について太陽輻射の通過質量条件が空気質量(AM：air mass)[†]1.5 で 100 W/cm² という入力光パワーに対して，負荷条件を変えた場合の最大電気出力との比を百分率で表したものを公称効率 η_n (nominal efficiency)と定義している．

---

† 空気質量とは太陽電池の場合，「太陽光が大気を通過する路程の長さ」を意味する．太陽光が大気に垂直に入る場合に通過する大気の長さを単位 1 にして AM1.0 とし，斜めに入り長さが 1.5 倍になる場合を AM1.5 という．

(2) 太陽電池の特性

太陽電池モジュールに入射した太陽光エネルギーが変換されて発生する電流-電圧特性(I-V 曲線)を，図 2.15 に示す．図よりモジュールの最大出力 P_m は，最適動作点における最大出力動作電圧 V_{pm} と最大出力動作電流 I_{pm} の積であることがわかる．モジュールは，表面温度が高くなると出力が低下する温度特性をもつ．また，季節による温度変化によって出力が変動する．すなわち，放射照度が同一であれば夏季に比べて冬季の出力が大きい．

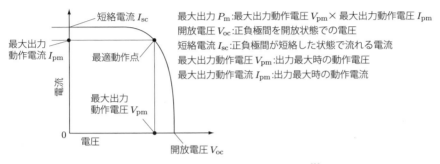

図 2.15 太陽光モジュールの電流-電圧特性[1]

2.4.3 太陽電池モジュール

(1) 太陽電池の種類

図 2.16 に**太陽電池**の種類を示す．太陽電池セルの技術は，シリコン系，化合物系，有機系および新たに開発中のものに大別される．

単結晶シリコン太陽電池　　**単結晶シリコン太陽電池**は，純度の高いシリコンを溶かして単結晶を作り，この単結晶を薄切りにして太陽電池に加工したもので，通常モジュールの変換効率は 15〜20%である(図 2.17)．多結晶シリコン太陽電池は，太陽電池に適した純度の金属シリコンを鋳型に鋳込んで結晶化したもので，セルが多数の結晶で構成される．モジュールの効率は〜14%である．

アモルファスシリコン太陽電池　　**アモルファスシリコン太陽電池**は，非結晶(アモルファス)のシリコンを結晶化用いており，半導体の薄膜技術を応用して製造したものである．現状のモジュール効率は 6〜8%であるが，大量生産でき，コスト低減や効率向上の可能性が大きい．現在，HIT (heterojunction with intrinsic thin-layer)とよばれる，単結晶シリコンとアモルファスシリコンをヘテロ接合(異種材料の半導体の積層構造)したハイブリッド型太陽電池が開発されている．モジュール変換効率が19.1%と高く，また高温時の変換効率の低下が少ないことが特徴である．

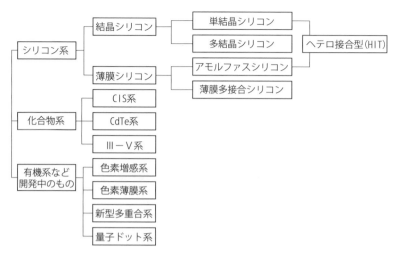

図 2.16 太陽電池セルの種類

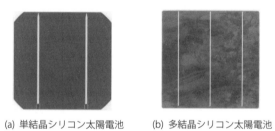

(a) 単結晶シリコン太陽電池　　(b) 多結晶シリコン太陽電池

図 2.17 シリコン結晶系太陽電池[6]

(2) モジュール

最小基本単位のセル(10 cm 角，12.5 cm 角，15 cm 角など)数十枚を耐候性パッケージに収納して，所定の電圧，電流を得られるようにしたもので，**太陽電池モジュール**という．図 2.18 に，シリコン半導体太陽電池モジュールの外観例を，図 2.19 に太陽電池モジュールの構造の例を，それぞれ示す．

一般的なモジュールは，太陽電池セルを耐候性のよい EVA (ethylene-vinyl acetate copolymer，エチレン酢酸ビニル共重合体)の透明樹脂で封入し，フロントガラスとして無色透明の強化ガラス(3 mm 厚さの白板熱処理ガラス)を，バックカバーとして保護用フィルムを，それぞれ使用する構造である．裏面には端子箱が設けられ，モジュールの縁はアルミニウム枠で保護されている．

(a) 単結晶シリコン太陽電池　　(b) 多結晶シリコン太陽電池　　(c) アモルファスシリコン太陽電池
色の種類：青色，紺色，灰色　　　　　　　　　　　　　　　　　　　色の種類：茶褐色，ワインレッド
緑色，濃茶色，茶金色，金色

図 2.18　太陽電池モジュールの外観例[1]

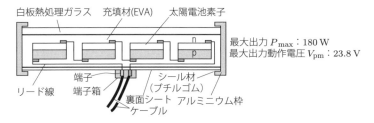

図 2.19　太陽電池モジュールの構造

(3) アレイの構成

必要枚数の太陽電池モジュールを直列接続したものを，さらに並列接続して必要電力を得られるように大型パネル化したものを，**太陽電池アレイ**という（図 2.20）．直列につなぐ枚数は，通常，次式のように，接続するインバータの定格直流電圧の10%増しを最大出力作動電圧で割った数値を目安に計画する．

$$\text{直列枚数} = \frac{\text{定格直流電圧 [V]} \times 1.1}{\text{最大出力動作電圧 [V]}} \tag{2.2}$$

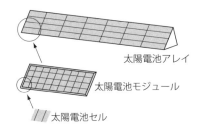

図 2.20　太陽電池アレイの構造

【参考事例】
たとえば，図 2.19 のモジュール（最大出力 180 W，最大出力動作電圧 23.8 V）から構

成されているアレイを，定格直流電圧300 V（運転入力範囲200～400 V）のインバータに接続して3相210 Vを得る場合，300 V×1.1 = 330 V, 330 V÷23.8 V = 14.05 = 14列直列程度となる．

最大出力30 kWを得るためには，1アレイあたり出力が180 Wなので，30000 W÷180 W ≒ 167枚，162枚÷14直列 ≒ 12並列となる．モジュール枚数は，14直列×12並列 = 168枚，最大出力は168枚×180 W = 30240 W = 30.240 kWとなる．全アレイを設置するための面積は横 = (1286 mm + 15 mm) × 14列 = 18214 mm = 18.21 m，(1008 mm + 2 mm) × 2並列 = 12120 mm = 12.12 m，全面積 18.21 m × 12.12 mm ≒ 220.7 m^2 となる．表2.1に設備の要目表を，図2.21に太陽電池アレイの電気回路を，それぞれ示す．

表2.1 太陽光要目表の事例

モジュール	最大出力	186 W
	外形寸法	812 × 1443 × 35 mm
	重量	14.0 kg
アレイ	アレイ構成	9直列×6並列
	モジュール数	162枚
	最大出力	30.132 kW
インバータ	直流電圧	DC300 V
	電圧範囲	DC200～400 V
	交流出力	三相 202 V

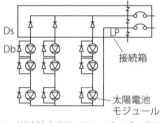

Ds：逆流防止素子　Db：バイパス素子
LP：避雷素子

図2.21　太陽電池アレイの電気回路[4]

(4) 太陽電池の変換効率

太陽電池の変換効率の推移を図2.22に示す．年々高効率化しており，セル変換効率が単結晶シリコンで20%程度，多結晶シリコンで17%程度，アモルファスシリコンで10%程度となっている．しかし，最近ではアモルファスシリコンと単結晶シリコンのハイブリッド構造の高効率太陽電池（HIT）が開発されており，セル変換効率20%超，モジュール変換効率19.1%が達成されている（図2.23参照）．

2.4.4　太陽光発電システム

(1) 太陽光発電システムの構成

太陽電池システムは，一般的に屋上等に設置される太陽電池アレイとインバータ，系統連系保護装置および電力系統に電力を送る分電盤等で構成される．また，系統連系を行わない独立型の場合には蓄電池が必要になる．一般的な太陽光発電システムの構成例を図2.24に示す．高圧受電の場合は受変電設備が必要となる．

2.4 太陽光発電　41

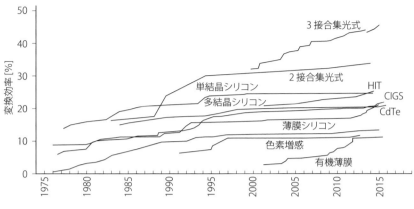

図 2.22　太陽電池のセル変換効率の推移([8] を基に著者作成)

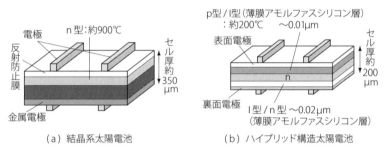

（a）結晶系太陽電池　　　　　（b）ハイブリッド構造太陽電池

図 2.23　単結晶シリコン/薄膜型アルモファスシリコンハイブリッド構造太陽電池の構造

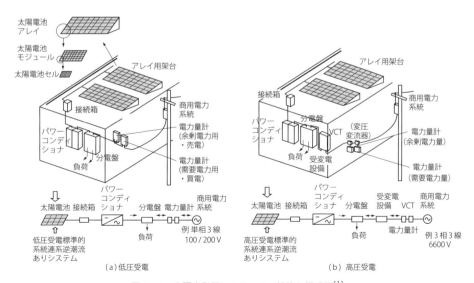

（a）低圧受電　　　　　　　　（b）高圧受電

図 2.24　太陽光発電システムの一般的な構成例[1]

(2) 太陽光発電システムの種類

商用電力と系統連系したものを連系型システム，連系しないものを独立型システムとよぶ．連系型で負荷出力が不足する場合は，商用電力でバックアップし，余剰電力が生じる場合は，電力会社へ売電する．電力会社に売電することは**逆潮流**という．通常は系統連系し，逆潮流するシステムが一般的である．太陽光発電システムの種類を図 2.25 に示す．

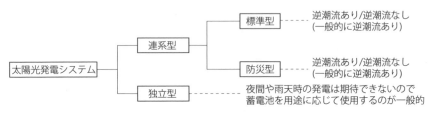

図 2.25　太陽光発電システムの種類

連系型システム　　商用電力と系統連系する**連系型システム**は，自立運転切替ありと自立運転切替なしの場合があり，それぞれのシステムの構成例を図 2.26 に示す．自立運転切替なしが一般的で，太陽光発電システムで発電電力に不足が生じた場合は商用電力でバックアップする．余剰電力を生じた場合は商用電力系統に逆潮流し，電力会社に余剰電力を買い取ってもらう．防災型の場合では自立運転ができるようにし，商用電力からの供給がなくなった場合は遮断器で商用電力と切り離し，特定負荷にのみ太陽光発電で給電する．

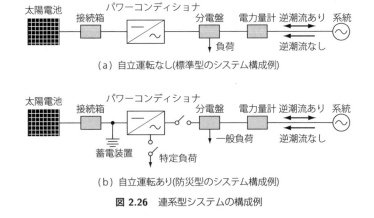

図 2.26　連系型システムの構成例

独立型システム　　商用電力系統と系統連系しない場合を**独立型システム**とよぶ．一般的なシステム構成を図 2.27 に示す．夜間や雨天時など太陽光発電が期待できない

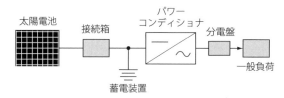

図 2.27 独立型システムの構成例

場合には，蓄電池に充電しておいた電力で供給を行う．このシステムは，山岳地，離島等で商用電力の供給がない場合に行われる．

2.4.5 太陽光発電システムの周辺機器

太陽電池アレイ（太陽電池本体）で発生した電力を負荷に供給し，系統電力と連系するための設備を，システム周辺機器とよぶ．周辺機器の構成を図 2.28 に示す．

（1） パワーコンディショナ

パワーコンディショナのシステム構成を図 2.29 に示す．太陽電池または蓄電池からの出力は直流であり，一般に家庭，事務所，工場等で使用する電力は交流である．このため，太陽電池からの直流出力をインバータで交流に変換する．インバータは直流を交流に変換し，周波数，電圧，位相，有効および無効電力，同期，電圧変動，高調波を制御する機能をもつ．

自動運転停止機能　　早朝，日の出とともに日射強度が増大して，出力を取り出せる状態になると，自動的に運転を開始し，日没時に運転を停止する．曇りの日，雨の日で出力が小さくなり，パワーコンディショナ出力がゼロになると，待機状態になる．

最大電力追従装置(MPPT：maximum power point tracking)　　日射強度や太

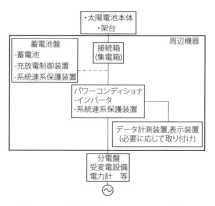

図 2.28 太陽光発電システムの周辺機器

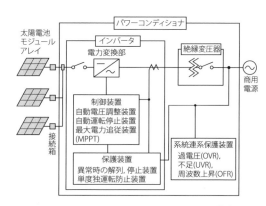

図 2.29 パワーコンディショナのシステム構成

陽電池表面温度の変動に対して，つねに太陽電池の最大出力が取り出せるように制御する．パワーコンディショナの直流作動電圧を一定時間間隔でわずかに変動させ，そのときの太陽電池出力を計測してその前の値と比較して，つねに電力が大きくなる方向にパワーコンディショナの直流電圧を変化させる．

単独運転防止装置 系統側の停電時においても，引き続き太陽光発電システムから電力が供給される単独運転が継続されると，配電線系統に電力が供給され，保安点検者に対して危険なので，単独運転を防止する．

自動電圧調整装置 余剰電力を逆潮流する場合，電力逆送の受電点電圧が商用電力の電圧より高くなりすぎないように，電圧の上昇を防止する．

異常時の解列，停止 系統側やインバータに異常が生じた場合，異常を検出し，解列（系統から切断）したり，インバータの停止を行う．インバータの選定にあたっては，太陽電池の出力電圧範囲とインバータの直流電圧範囲を合わせる必要がある．

系統連系保護装置 太陽光発電システムの系統側やインバータの異常時にはインバータを停止させ，系統との連系をすみやかに遮断する装置を設ける．

(2) 蓄電池

蓄電池を太陽光発電システムに組み込むことにより，電力の貯蔵を行い，日射量の少ないときや夜間などの発電できないときに電力を供給する．

2.4.6 太陽光発電システム設置の方法

太陽光発電システムの主な設置方法として，屋根置き型，地上設置型，建物一体型，集光型がある．それぞれ，使用される太陽電池の種類や用いられる基板に特徴がある．最近は地上設置型のメガソーラー発電所の設置が盛んである．太陽光発電の設置事例を図 2.30 に示す．

2.4.7 太陽光発電の今後の課題と展望

2012 年からの固定価格買取制度の開始にともない，太陽光発電が本格的に普及し始めている．一方，急速な太陽光発電の導入拡大により，短期間ではあるが系統接続保留の問題が発生し，今後の太陽光発電拡大に向けた課題として提示されている．固定価格買取制度の開始後，顕在化しつつある状況をふまえて，今後長期にわたり，導入を拡大していくための課題についてまとめる．

(a) 屋根置き型

(b) 平置き型

(c) 建物一体型

(d) 集光型

図 2.30　太陽光発電システムの設置事例[6]

(1) 太陽光発電の技術的課題

a) 発電コストの低減

太陽光発電においては発電コスト低減が最大の課題である．発電コスト低減には次の方策が考えられる．

発電所利用率の向上　発電所の利用率とは，発電所が設置された場所で，設備が稼働する期間において，設備から得られた発電電力量に対する対象設備の定格出力の比率をいう．日射条件が比較的優れた場所に発電システムを設置することで，出力が増加し，設備利用率を向上させることができる．

システム単価の低減　太陽電池モジュールと周辺機器の調達にかかわる費用と設置工事費で構成される費用をシステム価格といい，これを発電設備の定格出力で割ったものをシステム単価という．システム単価の約6割が太陽電池価格であり，太陽電池の選定が重要である．

高効率変換モジュールの使用　変換効率の高い太陽光発電セルを用いたモジュールは一般にその製造コストも高くなることから，システム単価が上昇する．発電コスト低減のためには，変換効率の向上とシステム単価の低減をバランスよく考慮してシステムを考える必要がある．

b) 系統連系問題と 系統接続保留問題

太陽光発電は日々の天候にともない日射量が変動し，出力の変動がある．多量に系統連系される場合は系統の周波数，電圧等に影響を及ぼす場合があるので，電力の質の安定化等の技術開発が課題とされている．

一方，新たに顕在化した問題として，メガソーラー発電の認定急増による電力系統運用の混乱を回避するという理由で，**固定価格買取制度（FIT）**による再生可能エネルギー発電設備の電力系統への接続申し込みに対し，電力会社5社で回答を保留する事態が発生した．今後の太陽光発電の大量導入において，系統接続保留問題の解決は避けられないだろう．

c) 売電価格の不確実性

固定価格買取制度が，収益の確保できる買取価格で長期間的に継続されるかどうかの不確実性がある．

(2) 太陽光発電の展望

a) 適用用途

固定価格買取制度（FIT）以前は，太陽光発電の導入先は，住宅への適用が約70%を占めていた．固定価格買取制度の実施以降は，この制度に基づく事業用が大きく増加した．

将来，太陽光発電は設備費用の低減がさらに進むと，事業用，住宅用，ビル，公共設備への導入が進み，建材一体型のビル壁面，駅の屋根，鉄道高架防護壁への設置，蓄電機能付の防災電源等への導入が促進される．さらに，住宅用では太陽光発電による水の電気分解により水素を製造し，燃料電池発電，燃料電池自動車などへの利用が期待される．

b) 技術開発と製造コストの低減

NEDOを中心として先進的技術開発が進められている．太陽光発電システムのコストはモジュールコストが60%を占め，とくに太陽電池の原材料であるウェハコストと加工費がモジュールコストの50%を占めるといわれている．NEDOでは，モジュール製造コストは，2010年で100円/W，2020年で75円/W，2030年で50円/Wに，また発電コストは，2010年で23円/kWh，2020年で14円/kWh，2030年で7円/kWhに，それぞれ低減するよう開発目標が立案されている（NEDO，2030年に向けた太陽光発電ロードマップ検討委員会）．図2.31に，太陽光発電システムの技術開発とモジュール製造コストの低減イメージを示す．

2.5 太陽熱利用

太陽光は，地上で$1\,m^2$あたり$1\,kW$のエネルギー密度で日射されている．これまでは屋根の上に置いた**平板型集熱器**（フラットプレートコレクタ，FPC）を用いた給湯，暖房が広く普及してきた．近年，パラボラトラフ型コレクタにより太陽を追尾し，

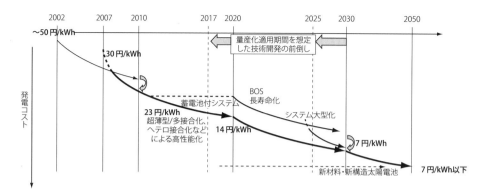

図 2.31 太陽光発電の今後の発展に対するロードマップ(PV2030+)[9]

集光可能なコレクタを用いて，中高温の熱を用いて事業用発電，工業用途などに供給する太陽熱の利用の動きが欧州，米国を中心に始まっている．わが国でも，エンジニアリング会社，重工業メーカーの一部が中近東市場への進出を目指している．

太陽熱の集熱温度レベルと利用法を要約したものを表 2.2 に示す．ここでは，熱供給の温度範囲は，100°C より下を低温域，100〜250°C を中温域，250〜450°C を高温域と定義している．

表 2.2 太陽熱の集熱温度レベルと熱利用の方法[6]

集熱温度レベル		集光器，集熱器	用途
高温 250〜450°C		大中型円筒放物面鏡型フレネル型	ユーティリティ用大型発電機 産業プロセス
中温 120〜250°C		小規模円筒放物面鏡型フレネル型	太陽熱冷房 分散型電源
低温	70〜80°C	真空集熱器 複合パラボラ型集熱器(CPC コレクター)	太陽熱冷房(単効用型) 低温プロセス熱(吸収式冷凍機)
	40〜60°C 以下	平板集熱器	給湯 暖房

この太陽エネルギーは，集熱・集光し，熱に変換して，水，空気などの熱媒体に伝え，温水，温風などとして利用する．太陽の位置は時々刻々変化するため，効率的に熱を吸収するには，太陽に直面して光を得るように追尾して集熱する方法や，太陽光を集光して高いエネルギー密度を得る方法がある．太陽エネルギーの各種集光・集熱方法を図 2.32 に示す．

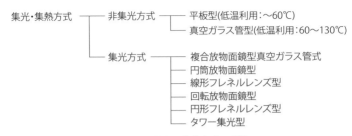

図 2.32 集光・集熱方式の分類

2.5.1 太陽熱の集光・集熱技術

(1) 平板型集熱器

集光をともなわない**平板型集熱器**は集熱温度がおよそ 100°C までで，給湯，冷房，空気加熱，乾燥に用いられる．平板型集熱器は追尾装置を装備せず，直達日射や散乱日射を利用するもので，建物に一体で設置でき，屋根の防水，防火機能も併せもつことができる．集熱媒体は，水，不凍液を用いて熱を貯湯使用するものと，空気流で熱を吸収し，ダクトで温風を送り，暖房や床暖房に直接利用するものがある．

水式平板集熱器の構造は，図 2.33 に示すように，透過体（透明断熱材），集熱板，断熱材，受熱箱より構成されており，集熱板に熱媒体を循環させて集熱する．透過体は半強化ガラス，平板ガラス等を用い，1～2 cm の空気層を置いてアルミ・銅のフィン・チューブ板やステンレススポット溶接板を設けて集熱する．集熱した熱を逃がさないように，グラスウール等の断熱材を外箱に収めて密封格納する．

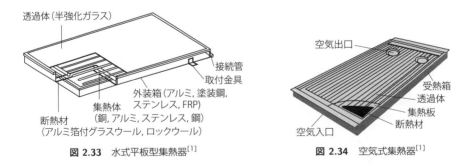

図 2.33　水式平板型集熱器[1]　　図 2.34　空気式集熱器[1]

空気式集熱器は，建物の屋根または壁に建物の一部として集熱器を取り付けるものである．表面の透過体の下に平板または V 型溝付き集熱板を配し，透過体と集熱板の空隙に空気を流して日射で暖まった集熱板からの熱伝達で温風を取り出すものである．温風は，直接暖房として用いたり，熱交換器を通して給湯として用いたりする．

空気式集熱器の構造を図 2.34 に示す.

図 2.35 に各種集熱器の性能を示す．$\Delta\theta$ は集熱媒体の平均温度から気温を差し引いたもの，I は集熱面の日射量である．

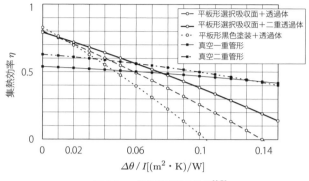

図 2.35　各種集熱器の性能[10]

集熱効率は $\Delta\theta$ と I により決まる．I が小さく $\Delta\theta$ を大きくとると，効率は低下する．選択吸収膜を用いたものは，黒色塗装のものより $\Delta\theta/I$ が大きくても効率の低下は少ない．後述する真空集熱器は $\Delta\theta/I$ が小さいときは効率は低いが，大きくなってもあまり効率の低下はない．給湯は $\Delta\theta/I$ が低くても使用できるが，暖房，冷房には $\Delta\theta/I$ が高い集熱器を使用しなければならない．

(2) 真空集熱器

太陽熱集熱器は集熱した熱を有効に利用できるよう，蓄熱部に移動するものである．このため，集熱器で集熱された熱の外部への放熱は，輻射，伝熱，対流により行われる．輻射放熱を少なくするため，集熱板に選択吸収膜処理，選択吸収膜塗装を行い，伝熱による放熱を少なくするため集熱板と受熱箱の間の断熱を強化したり，透過体を二重にしたり，真空断熱がなされた透過体を使用している．透過部を，ガラス管で集熱部との間を真空層で形成して，透過部外部への対流放熱を少なくしたものが**真空集熱器**である．

真空部は 10^{-3} MPa の真空にし，集熱外部とはわずかなサポーターにより外部と固定され，外部への放熱を少なくする．構造は図 2.36 に示す 4 種類のものがある．

(3) 集光器

複合放物面鏡型集光器（compound parabolic concentrator）　図 2.37 に示すように，二つの放物面鏡を組み合わせ，双方の放物面の焦点間に真空集熱器を設置して，入射光が集熱器に効率的に当たるようにしたものである．放物面鏡Ⅰが放物面鏡Ⅱの焦点 C2 を，放物面鏡Ⅱが放物面鏡Ⅰの焦点 C1 を，それぞれ通るように組み合わせ，

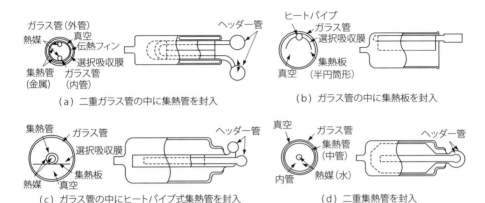

図 2.36 真空ガラス管の構造[11]

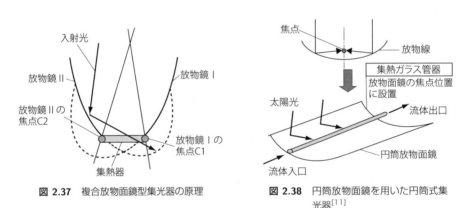

図 2.37 複合放物面鏡型集光器の原理

図 2.38 円筒放物面鏡を用いた円筒式集光器[11]

焦点 C1 と焦点 C2 の間に集光板を配置したもので，放物面鏡に入射した光は反射して集熱板を通過するようになっている．入射光が集熱板に直接当たらない場合でも反射光によって加熱できるので，集熱効率は良くなるが，構造が複雑で価格も高くなる．

円筒放物面鏡型集光器(cylindrical parabolic mirror collector) 　図 2.38 に示すように，円筒状の放物面鏡の焦点上に真空管式のガラス管集熱器を設置し，放物面に直射される入射光をすべてガラス管に集光できるようにしたものである．一般にパラボラトラフ式集光器といい，高温の熱回収が可能で太陽熱発電の集光器に用いられている．

回転放物面鏡型集光器(revolving parabolic mirror collector) 　図 2.39 に示すように，放物線の軸を中心に回転させてできた反射鏡で焦点に熱を吸収する点型集光・集熱器で，皿状の形状をしていることから皿型(dish type)ともいう．米国等で，

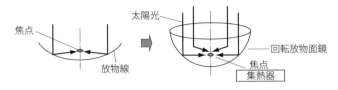

図 2.39 回転放物面鏡型集光

集熱によりスターリングエンジンやマイクロガスタービンを駆動する太陽熱発電が行われている.

フレネルレンズ集光器(Fresnel lens collector) フレネルレンズは凸面を多数組み合わせ，通常の凸レンズよりも軽量化が図られている．これを円筒型に組み合わせた円形フレネルレンズと平行に組み合わせた線形フレネルレンズがある．

タワー式集光器 タワーに集光器を取り付け，タワーの周辺に平面鏡を取り付けたヘリオスタット(反射鏡)を多数配して，ヘリオスタットで太陽光を反射して集光器に反射光を集める．2.5.3項で後述する．太陽熱発電所等に利用する．

2.5.2 太陽熱蓄熱技術

太陽エネルギーは一般にエネルギー密度が小さく，得られるエネルギーの変動が大きいため，適切な量のエネルギーを必要な時間に利用するためには，蓄熱が重要になる．蓄熱には，物質の温度変化を利用する顕熱蓄熱と，溶融塩，無機水和物の相変化を利用する潜熱蓄熱がある．以下に蓄熱方法の概要を述べる．

(1) 顕熱蓄熱

顕熱蓄熱において，単位容積あたり蓄熱材の蓄熱量は次式で表される．

$$Q = \int_{T_1}^{T_2} c_p \rho \, dT = \overline{c_p} \rho (T_2 - T_1) \tag{2.3}$$

ここに，Q：物質の蓄熱密度[kJ/m^3]，ρ：密度[kg/m^3]，c_p：蓄熱材の比熱[kJ/(kg·°C)]，T_1：蓄熱開始時の初期温度[°C]，T_2：蓄熱終了時の温度[°C]，$\overline{c_p}$：温度 T_1, T_2 間の平均比熱[kJ/(kg·°C)]，$\overline{c_p}\rho$：比熱容量[kJ/m^3·°C]である．

顕熱蓄熱装置の容積あたりの蓄熱量を増やすためには，熱容量の大きな材料を用い，温度差を大きくする必要がある．

液体顕熱蓄熱 液体を熱媒体に用いる蓄熱方法である．代表的な蓄熱材料を表2.3に示す．水は顕熱蓄熱材料にもっとも適した蓄熱材料である．海外では溶融塩を用いて高温蓄熱する例がある．蓄熱方法として，蓄熱槽内の温度分布の状態から槽内を一定温度とする一様混合型と，貯湯槽の上部温度を高くする成層型(押出型)蓄熱槽が

表 2.3 代表的な液体蓄熱材料[12],[13]

蓄熱材料	密度 [kg/m^3]	比熱容量 [kJ/(kg·K)]	粘性係数 [mPa·s]	使用温度範囲 [°C]	融点 [°C]	物性値の状態
水	985	4.18	0.49	5〜100	0	常圧, 57°C
水蒸気	938	4.25	0.219	100〜240	—	圧力:0.199 kPa, 127°C
エタノール	806	2.25	1.81	−100〜10	−117	0°C, 飽和状態
Na	925	1.43	0.696	125〜760	98	融点
NaK	872	1.05	—	40〜760	18	融点
熱媒体油	—	2.76	—	100〜360	12	200°C
溶融塩 *	—	1.56	—	260〜550	220	融点

* 54 wt% KNO$_3$, 46% NaNO$_3$

ある.

固体顕熱蓄熱 固体顕熱に使用される蓄熱材料を表 2.4 に示す. 固体顕熱蓄熱は, 熱の出し入れに空気, 水等の熱媒体が必要になる. 砕石等の固体顕熱蓄熱材は価格が安く, 低コストの蓄熱システムが可能となる.

表 2.4 代表的な固体蓄熱材料[12],[13]

蓄熱材料	密度 [kg/m^3]	比熱容量 [kJ/(kg·K)]	熱伝導率 [W/(m·K)]	物性値の状態
土	2000	1.84	0.79〜3.5	
砂利	1850	0.84	0.40	乾燥
砂	1700	0.84	0.33	乾燥
普通コンクリート	2200	0.92	1.50	10〜30°C
重量コンクリート	3860	0.8〜0.84	3.3〜4.7	300°C
レンガ	1650	0.84	0.62	乾燥
鋳鉄	7860	0.48	51.00	100°C

ソーラー蓄熱システム 太陽光集熱器を用いた集熱, 蓄熱ソーラーシステムのフローの例を図 2.40 に示す. 集熱のコントロールは次のように行われる. 集熱器温度(急速排気機能付高温センサー)が蓄熱槽低温センサーより一定温度(通常は 7°C)以上に高くなると, 集熱ポンプを始動して熱媒(水または不凍液)を循環させ, 集熱する. 沸騰防止センサーが設定温度以上(通常は 85°C)以上になると集熱ポンプは停止し, 蓄熱槽内の沸騰を防止する. ソーラーシステムの熱媒は通常, 水またはプロピレングリコールを主成分とした不凍液が用いられる. 集熱器や配管に水抜き勾配をとれないときは, 不凍液を用いる.

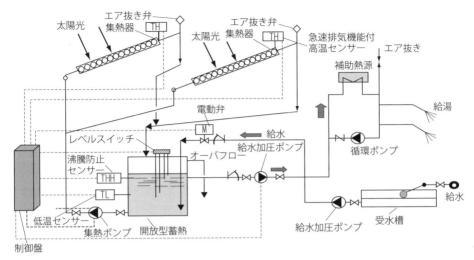

図 2.40 ソーラー蓄熱システムのフロー

蓄熱槽 蓄熱槽は開放型と密閉型がある．材質は耐久性の面から SUS444 が使用されることが多い．蓄熱槽の容量は一般に次の式によって決定する．

$$\text{蓄熱槽容量}[\text{m}^3] = \frac{8\,\text{月の1パネルの晴天日集熱量}\,[\text{kJ}/(\text{日}\cdot\text{台})] \times \text{パネル台数}}{4.1868 \times (85\,[^\circ\text{C}] - 8\,\text{月の水温}\,[^\circ\text{C}]) \times 1000} \tag{2.4}$$

ここで，85°C は沸騰防止温度である．表 2.5 に蓄熱タンク型の設置場所と長所，短所を示す．

表 2.5 蓄熱タンクの設置方法[1]

	室内置き	タンク室	天井裏	床下	外部
設置場所	蓄熱タンクを室内に置き室内熱容量を高める．	タンク室を設け蓄熱タンクを設置する．	蓄熱タンクを天上裏スペースに置く．	床下コンクリートによる断熱容器内に水，土，石を入れる．	蓄熱タンクを屋外各部に．
長所	室内への直接放熱	タンク形状の自由化	天井裏スペースの有効利用	二重床の有効利用，大容量床暖房効果	室内スペースの有効利用，既存住宅に適用
短所	設置場所の制約	タンク室の確保	天井の構造の制約	設置場所の制約	熱損失が大きい

(2) 潜熱蓄熱

物質が固体→液体，液体→固体のように相変化するときに，融解熱の吸収，凍結熱の放出が行われる．このような熱を潜熱という．このほか，液体→気体(蒸発)，固体→気体(凝縮)，固体→気体(昇華)の相変化にも潜熱が介在する．容器に相変化物質を封入して，潜熱を貯蔵する方法を潜熱蓄熱という．このような潜熱蓄熱に使用する物質としては，無機水和物($Na_2HPO_4 \cdot 12H_2O$，$Na_2SO_4 \cdot 10H_2O$，$CaCl_2 \cdot 6H_2O$ など)，パラフィン系物質，高密度ポリエチレン，水等が使用されている．

2.5.3 太陽熱発電

太陽エネルギーを集光・集熱し，高温水で蒸気を発生し，蒸気タービン発電機を駆動するものである．太陽熱発電の基本システムを図 2.41 に示す．**集光・集熱器**の種類により次のようなシステムがある．

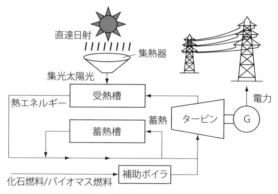

図 2.41 太陽熱発電の基本システム図[6]

パラボラトラフ型　パラボラトラフ型は，円筒放物面鏡型集光器を用いる．集熱管に集光することによって，集熱管内の熱媒を加熱し，熱交換器を介して蒸気を生成して発電するシステムである．発電システムを図 2.42 に示す．熱媒体は約 400°C まで加熱された後，熱交換器に送られて約 380°C の蒸気を発生させる．システム効率は 15% 程度と低いが，構造が単純でシステム価格が安価である．1980 年代から米国カリフォルニア州において商用運転の実績があり，太陽熱発電の中では，比較的成熟した技術である．

タワー型　タワー型は，ヘリオスタット(heliostat)とよばれる太陽追尾装置をもつ平面状の集光ミラーを多数設置して，タワーの上部に置かれたレシーバー集熱器に集まるように追尾しながら集光・集熱する．タワー型の熱媒体は，水・水蒸気や硝酸塩系溶融塩が主として用いられる．空気を使用する試みもある．発電システムを図 2.43

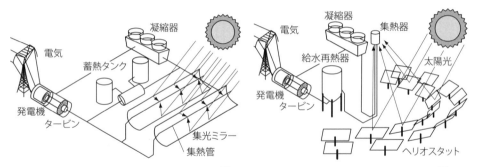

図 2.42 パラボラトラフ型太陽熱発電システム[6] **図 2.43** タワー型太陽熱発電システム[6]

に示す.

ディッシュ型 回転放物面鏡型集光・集熱器を用いて太陽光を点集光し，スターリングエンジンやマイクロタービン等の比較的小型の発電システムに用いる．オーストラリアでは集熱器の開発が，米国では集熱器とスターリングエンジンを組み合わせたシステムの開発が，それぞれ行われている．

2.5.4 太陽熱のアクティブ利用システム

太陽熱の利用で集熱器，蓄熱等のタンクを配して，ポンプで熱媒体を循環し，積極的に熱を利用する方法を，アクティブ利用という．**アクティブ熱利用法**としては熱媒体に水を用いる方法と空気を用いる方法があり，これらを比較したものを表2.6に示す．以下に示す各方式の記号は，日本建築学会の基準，コード番号に準じている．

(1) 太陽熱給湯システム

太陽熱を利用した給湯システムの例を図2.44に示す

(2) アクティブ冷暖房システム

太陽熱温水器で集熱，蓄熱し冷暖房に利用するシステム例を図2.45に示す．

(3) 空気式太陽熱利用システム

空気式太陽熱利用システムは，空気集熱器と砕石蓄熱装置を組み合わせ，空気集熱した熱を砕石蓄熱装置に貯蔵し，必要なときに温風を送って暖房する．集熱器は屋根との一体化が必要である．水集熱器と異なり，凍結の心配はないが，ダクト，蓄熱装置のスペースの納まりを考慮する必要がある．また，給湯での有効利用が難しい(図2.46)．

表 2.6 太陽熱のアクティブ利用法の比較

	水式太陽熱利用	空気式太陽熱利用
機能	給湯・冷房・暖房	給湯・暖房
集熱器	平板型水集熱器 真空ガラス管型集熱器	屋根一体型空気集熱器
特徴	・二次側の設備として，従来の設備部品が使用できる． ・集熱器の集熱効率が高い． ・集熱面積が少なくてよい． ・建築への設置方法に多様性がある．	・集熱系の水漏れ，凍結がない ・空気ダクトが大きく施工のスペースが必要になる． ・建築との一体化が必要である． ・集熱空気を直接暖房に使うため，利用効率が高い．
システム	太陽光／集熱器／給湯／貯湯／床暖房／給湯タンク	太陽光／空気式集熱／送風機／蓄熱槽／床下ピット／追焚ボイラ／給湯タンク

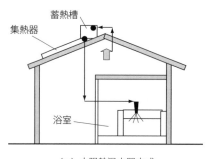

(a) 太陽熱温水器方式

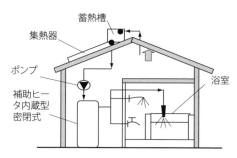

(b) 太陽熱温水器＋補助ヒーター内蔵式蓄熱槽方式

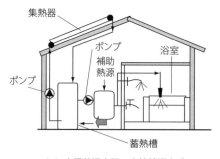

(c) 太陽熱温水器＋直接給湯方式

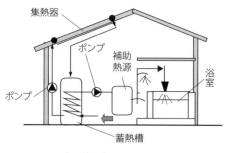

(d) 太陽熱温水器＋間接給湯方式

図 2.44 太陽熱給湯システム

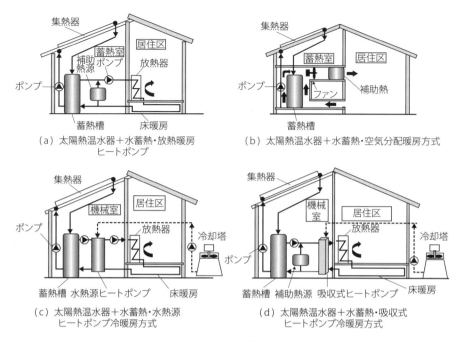

(a) 太陽熱温水器＋水蓄熱・放熱暖房 ヒートポンプ

(b) 太陽熱温水器＋水蓄熱・空気分配暖房方式

(c) 太陽熱温水器＋水蓄熱・水熱源 ヒートポンプ冷暖房方式

(d) 太陽熱温水器＋水蓄熱・吸収式 ヒートポンプ冷暖房方式

図 2.45 アクティブ冷暖房システム例

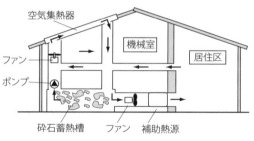

図 2.46 空気式集熱器＋砕石蓄熱槽による暖房

2.5.5 太陽熱のパッシブ利用システム

太陽エネルギーを建築に取り込んで利用するときに，機械力や電気エネルギーを使用せず，自然力である輻射，対流により熱利用するシステムを図 2.47 に示す．

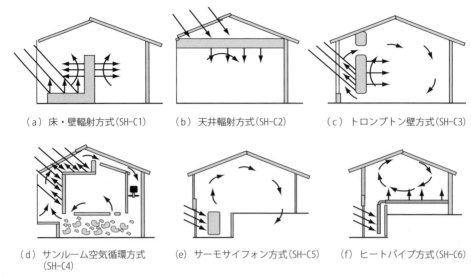

(a) 床・壁輻射方式(SH-C1)　(b) 天井輻射方式(SH-C2)　(c) トロンプトン壁方式(SH-C3)

(d) サンルーム空気循環方式(SH-C4)　(e) サーモサイフォン方式(SH-C5)　(f) ヒートパイプ方式(SH-C6)

図 2.47　太陽熱のパッシブ利用建築システム

2.5.6　太陽熱発電・太陽熱利用の課題と対応策

(1)　太陽熱発電，太陽熱利用の課題

- 南欧(スペイン)，北アフリカ，中近東，米国では大容量の太陽熱発電所の建設が行われており，米国では 370 kW の太陽熱発電所が建設中である．
- わが国においても，独自の太陽熱発電システムおよび蓄熱技術を組み合わせたシステムをもって，国際競争力を高め，中近東，北アフリカなどへ世界展開していくことが期待される．わが国でも南西諸島，小笠原諸島等の日射の強い地域での設置が考えられる．

(2)　太陽熱発電，太陽熱利用の対応策

蓄熱技術　　アクティブ建築設備用の固体蓄熱，液体蓄熱技術は実施例もあるが，太陽熱発電用の蓄熱技術は，太陽熱発電をベース電源として位置付ける重要な技術である．今後，蒸気タービン発電技術，高反射集光ミラー，制御などのヘリオスタット関連技術とあわせて，太陽熱発電システムの技術開発を進めることが重要である．

コスト競争力の強化　　日本企業が国際競争に参入していくには，コスト競争力の強化が重要である．太陽熱発電の現状の発電コストは 15〜30 円/kWh で，再生可能エネルギーの中では比較的低い水準にある．将来的に導入量を拡大していくためには，通常の商用電源の 10 円/kWh 未満の発電コストを実現する必要がある．

第3章 風力エネルギー

この章の目的

　空気の動きである風力エネルギーの利用は，幼い頃に遊んだ風車(かざぐるま)として記憶に残っている方も多いだろう．風力を生活に利用したのが風車(ふうしゃ)である．一方，風力発電として世界で実用化されたきっかけは，1970年代の石油危機である．クリーンで再生可能な自然エネルギーとして現在，世界では単機出力8 MW(ロータ直径160 m)におよぶ大型化が実現され，さらに洋上風力発電の導入が期待されている．本章ではこの風力発電について学ぶ．

3.1 風力発電の概要

　風は，古くは帆による船の推進に利用されていたが，紀元前3600年頃にエジプトで風車が揚水や灌漑に使われた記録がある．発電は19世紀の末，ほぼ同時期に米国，イギリス，フランス，デンマークで実現されたが，デンマークのP.ラクールによる揚力利用の2～3枚羽根の風力発電装置が最初とされている．日本ではあまり風車を利用した歴史はなく，明治になった1868年に給水用動力として風車が輸入された．1938年には山田基博によって2枚羽根の固定ピッチ式プロペラ水車が考案され，稚内の漁村に200 Wの小型風力発電機が設置された．そして，第二次大戦後のエネルギー事情の悪かった時代，北海道や東北地方の開拓農家で300～500 Wの小型の山田式風力発電機が数千基利用されていた．

　風力発電装置は，風を風車(風力タービン)に当てて回転させ，歯車などで増速し，発電機を介して電気エネルギーに変換するもので，風力エネルギーの最大40%程度を電気エネルギーに変換できる比較的効率の高いシステムである．

　2014年末では，世界の風力発電設備の総容量は約370 GW(図3.1(a))で，わが国の設備容量は0.8%の約2.9 GW(図3.1(c))である．国の導入目標としては，2020年までに5 GW，2030年までに約6 GW(最大導入ケース)を目指している(経済産業省，総合エネルギー調査会「新エネルギー部会報告書」)．

一般に，風は地上から離れたほうが強く，取得エネルギーは受風面積に比例するため，一般的なプロペラ型で定格出力が 600 kW の場合，風車直径は 45～50 m，タワー高さも同程度に及ぶ．一方，風はエネルギー密度が小さく，風向や風速も変化するので，発電出力が不安定であり，大型風車や複数基集合設置（ウィンドファームまたはウィンドパークとよばれる）による発電出力の増大，またつねに風の方向に向くようにするヨー制御や出力を制御するピッチ制御によって安定化を図ることが考慮されている．さらに，低風速でも発電可能となるように発電機の極数を変えたり，大小二つの発電機を設け，風速により発電機を切り替えるシステムも実用化されている[1]．

3.2　風力発電の現状

世界および日本における風力発電の年間および累積の導入量を，図 3.1 に示す．1998 年の地球温暖化防止の世界的広まりから急激に増加し，2014 年度の世界の累積

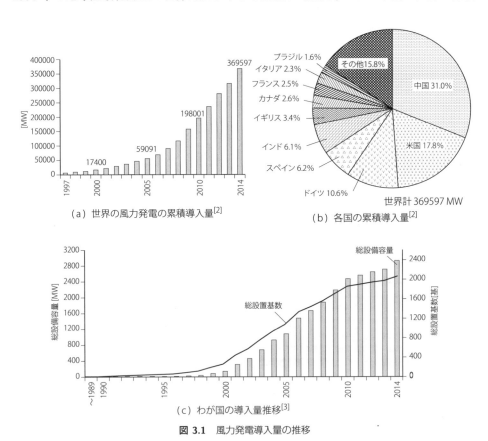

(a) 世界の風力発電の累積導入量[2]

(b) 各国の累積導入量[2]

(c) わが国の導入量推移[3]

図 3.1　風力発電導入量の推移

導入量は約 370 GW に達している．国別では中国が，2009 年にドイツ，2010 年に米国を抜いて，2014 年末で 115 GW と世界一（約 31.0%）の風力発電国となっている．以下，米国，ドイツ，スペイン，インドと続く．日本は図(c)に示すように，2014 年末で総発電設備容量約 2.9 GW（0.8%，19 位），総設置基数 2034 基である．2011 年度から導入量が低迷し，600～900 MW/年，基数で 23～44 基/年である．導入目標「2020 年に 5 GW」を目指して今後の増加が求められている．導入事例の写真を図 3.2 に示す．

(a) デンマークのウィンドファーム[4]　　(b) 苫前グリーンヒルウィンドパーク[5]

図 3.2　風力発電システムの導入事例

3.3　風力の利用

3.3.1　風力エネルギー

風のもつエネルギー，すなわち風の運動エネルギー W は，次のように表される．

$$W = \frac{mv^2}{2} = \frac{(\rho A v)v^2}{2} = \frac{\rho A v^3}{2} \tag{3.1}$$

ここで，W：風のエネルギー[W]，m：質量流量[kg/s]，v：風速[m/s]，ρ：空気密度[kg/m^3]，A：受風面積[m^2]（たとえばブレードが回転する円の面積）である．すなわち，風力エネルギーは空気密度 ρ と受風面積 A および風速 v の 3 乗に比例する．したがって，風速が 2 倍になれば，風力エネルギーは 8 倍になり，風速が 10% 大きいと，出力は 30% 増加する．

空気密度 ρ の値は気温や気圧により変化するが，一般に圧力 p，温度 T により次式で概略が求められる．

$$p = \rho RT \tag{3.2}$$

ここで，p：圧力 [Pa]，R：ガス定数(空気に対して 287 J/(kg·K))，T：絶対温度 [K] である．たとえば，日本の平地(1 気圧，15°C)での値として $p = 1.01325 \times 10^5$ Pa (大気圧)，$T = (273.15 + 15) = 288.15$ K を代入して，$\rho = 1.225$ kg/m^3 となる．また，気圧，温度は高度差 100 m につきおよそ 12 hPa，約 0.6 °C 減少するので，たとえば 1000 m の高さでは平地に比べて ρ が 10%程度小さい．

次に，大気圧下で 3 種類の温度 5，15，30 °C における単位面積あたりの風のエネルギー密度(W/A [kW/m^2])を，風速に対して式(3.1)，(3.2)から求め，図 3.3 に示す．温度 15 °C では風速 10 m/s で 0.61 kW/m^2，15 m/s で 2.07 kW/m^2 と風速の 3 乗に比例して増大していく．

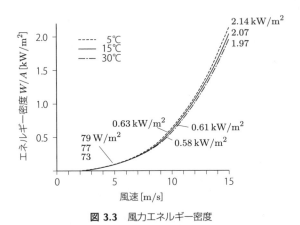

図 3.3 風力エネルギー密度

3.3.2 風速の高度分布と風速分布

(1) 高度分布

風速は，地表から遠ざかるにつれて地表との摩擦の影響が減ることで大きくなるが，そのほかに気圧の勾配，地球自転による転向力(コリオリ力)によっても変化する．地表の摩擦の影響が及ぶ高度約 1 km までを**大気境界層**とよび，そのうちの地表〜100 m 程度までの**地表境界層**と，それより上の**上部摩擦層**に区分される．地表境界層は摩擦の効果が大きいため転向力は無視でき，上部摩擦層では地表摩擦と転向力の効果は同じ程度である．

地表境界層の風速の高度分布については，経験則である次の指数法則が成立する．

$$v = v_1 \left(\frac{z}{z_1}\right)^{1/n} \tag{3.3}$$

ここで, v, v_1：地上から高さ z, z_1 における風速, n：表3.1に示すべき指数で, 平坦な海岸地域で $n=7$, 内陸で $n=5$ 程度である. たとえば, $z_1=5$ m で風速 $v_1=5$ m/s のとき, 高さ $z=50$ m では海岸地域では 7 m/s (1.4倍), 田園では約 8 m/s (1.6倍) と推定できる.

表 3.1 べき法則の指数 n の値

地表状態	n	$1/n$
平坦な地形の草原	7〜10	0.10〜0.14
海岸地域	7〜10	0.10〜0.14
田園	4〜6	0.17〜0.25
市街地	2〜4	0.25〜0.50

(2) 風速分布

ある期間においてその風速が出現する頻度 [％] を出現率, それらを風速の大きいほうから加算累積したものを**累積出現率**とよび, 図3.4に例を示す. **風速の出現率**は左右非対称で, 最大の出現率は弱風側 3〜5 m/s に偏っている.

この風速の出現率分布は, 次の**ワイブル**(Weibull)**分布**で近似される.

$$f(v) = \frac{k}{c}\left(\frac{v}{c}\right)^{k-1} \exp\left\{-\left(\frac{v}{c}\right)^k\right\} \tag{3.4}$$

ここで, $f(v)$：風速 v の出現率, c：尺度係数, k：形状係数である.

また, 平均風速 $\bar{v}$ は,

$$\bar{v} = c\Gamma\left(1 + \frac{1}{k}\right) \tag{3.5}$$

となる. ここで, Γ：ガンマ関数である.

平均風速 5 m/s に対する**形状係数** k の変化によるワイブル分布を図3.5 (a) に示す.

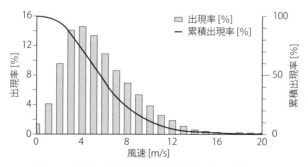

図 3.4 風速の出現率と累積出現率分布 (風況曲線) の例

形状係数 k の値が大きくなるとともにピークが鋭くなる．尺度係数 c は，風速の小さいほうからの累積出現率が 63.2% の風速 v に等しい．日本の場合，形状係数 $k = 0.8$ 〜2.2 程度であり，年平均風速が大きいほど大きくなる傾向がある．年平均風速が 5 m/s 以上では，$k = 1.5$〜2.2 程度である．

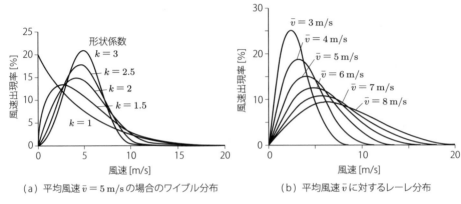

(a) 平均風速 $\bar{v} = 5$ m/s の場合のワイブル分布　　(b) 平均風速 $\bar{v}$ に対するレーレ分布

図 3.5　風速の出現率分布

ワイブル分布において，$k = 2$ の場合には次式の**レーレ分布**とよばれ，平均風速から風速出現率を推定するのによく用いられる．

$$f(v) = \frac{\pi}{2}\left(\frac{v}{\bar{v}^2}\right)\exp\left\{-\frac{\pi}{4}\left(\frac{v}{\bar{v}}\right)^2\right\} \tag{3.6}$$

平均風速 $\bar{v}$ に対する計算例を図 (b) に示す．

3.3.3　全国風況マップ

　風力発電設置には風の強い所が望まれ，そのために風況データの収集が重要となる．風況データは多くの機関 (省庁，自治体，研究所，企業など) で調査されているが，長期間の観測資料を統計的にまとめて整理されているのが，気象庁のデータである．気象庁の風況データは，主に全国 150 箇所の気象台および観測所と全国約 1300 箇所の地域気象観測所 (AMeDAS) のうち約 800 箇所において，風向を 16 方位，風速を 0.1 m/s または 1 m/s 単位で 10 分間の平均値が観測されている．気象庁での風況観測は平らな開けた場所において，地上 10 m 高さが基準となっているが，障害物などの関係から実際は 10〜30 m の高さで観測されている．一方，AMeDAS 観測所では高さ 6.5 m を基準としているが，降水量の観測を主目的としていることから，風況観測地点としての立地条件 (周辺障害物など) を満たしていない地点も多く，事前に立地地点を詳細に評価する必要がある．

全国風況マップは，種々の風況観測データをもとに地図上に風速階級を示したものである．風力発電への利用を目的としたわが国の全国風況精査は，新エネルギー・産業技術総合開発機構（NEDO）によって1995年から行われている．2005年度からは「風力発電フィールドテスト事業（高所風況精査）」が行われ，風況精査地点数は2007年度現在で550箇所に達している．NEDOによって作成された[1]地上高30 mを対象とした年平均風速の風況マップを図3.6に示す．詳細（2008年度版）は，NEDO新エネルギー部で報告書としてまとめられ，Webサイト[6]で公開されている．

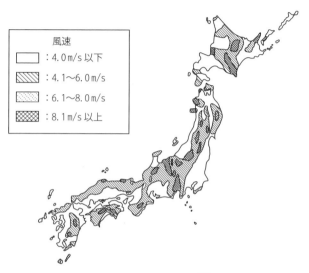

図 3.6　全国風況マップ[1]

3.4　風力発電システム

3.4.1　風車の種類

風車の種類は図3.7のように分類される．主な風車として，（ⅰ）**プロペラ型（アップウィンド方式とダウンウィンド方式）**，（ⅱ）**ダリウス型**の2種類がある．プロペラ型は現在の実用機の大部分を占め，ロータ（羽根車）の回転軸が水平である水平軸型風車である．このうち，図3.8に500 kW中型風力発電システム†の概要を示すが，アップウィンド方式はロータがタワーの風上側にあるので，タワーによる風の乱れの影響

---

† 便宜上，定格容量1 kW未満をマイクロ風車，1〜50 kWを小型風車，50〜1000 kWを中型，1000 kW以上を大型とよぶ．

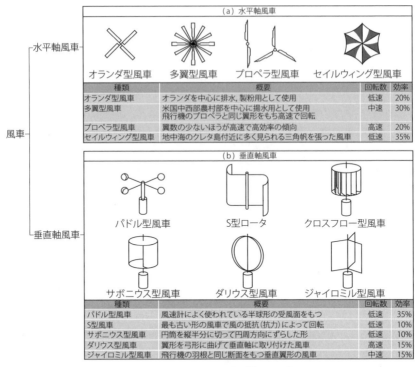

図 3.7 風車の種類[7]

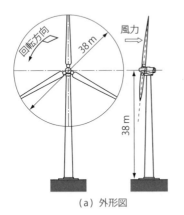

項目	仕様
定格出力	500 kW
形式	3枚翼プロペラ型
オリエンテーション	アップウィンド
ロータ直径	38.0 m
ハブ高さ	38.0 m
出力制御方式	可変ピッチ制御
カットイン風速	5.5 m/s
定格風速	12.5 m/s
カットアウト風速	24.0 m/s
耐風速	60.0 m/s

(a) 外形図　　　　　　　　　　(b) 仕様

図 3.8 アップウィンド方式 500 kW 風力発電システムの概要[8]

を受けない．一方，ロータが風下側にあるダウンウィンド方式は，プロペラを風の正面に合わせるためのヨー駆動装置(3.4.3項(5)参照)を必要としない．

　ダリウス型風車は垂直軸型風車で，風向に依存しないので方位制御は不要で，発電

機などを地上に置き，点検や修理が容易である利点をもつ．しかし，回転軸の振動対策や起動装置が必要となる．このシステムは米国で開発され，一部で利用されているが，プロペラ型より効率が劣る．

3.4.2 風車の効率

　風のもつエネルギーに対して，理論的にどれだけのエネルギーを取り出せるのだろうか．風車の最大出力は，ロータ通過後の速度低減量が元の風速の 1/3 になるときに最大効率 59.3% となり，この値は「ベッツ限界」もしくは「**ベッツ数**」とよばれている．

　速度 v_0 の風がロータで仕事をし，v_1 で出て行くとし，v をロータの通過速度とすると，風車のエネルギー W は，

$$W = \frac{\rho A v(v_0{}^2 - v_1{}^2)}{2} \tag{3.7}$$

となる．ここで，速度低減率 $a = (v_0 - v)/v_0$ とおくと，

$$v = v_0(1 - a) \tag{3.8}$$

となる．風車推力 T は運動量の変化に等しいから，

$$T = \rho A v(v_0 - v_1) \tag{3.9}$$

となる．また，風車を横切る静圧差 Δp は，ベルヌーイの定理†を用いると，

$$\Delta p = \frac{\rho(v_0{}^2 - v_1{}^2)}{2} \tag{3.10}$$

風車推力は羽根間の静圧差に面積を掛けた $T = \Delta p A$ と式 (3.9)，(3.10) から

$$v = \frac{v_0 + v_1}{2} \tag{3.11}$$

速度低減率 a を用いて，

$$v_1 = v_0(1 - 2a) \tag{3.12}$$

となる．式 (3.8)，(3.12) を式 (3.7) に代入して，

$$W = 2\rho A v_0{}^3 a(1 - a)^2 \tag{3.13}$$

式 (3.13) と風のもつエネルギー（障害物のない状態）を表す式 (3.1)（$W_0 = \rho A v_0{}^3/2$）との比が風車の効率で，パワー係数 C_p とよぶ．

---

† ベルヌーイの定理：非圧縮，非粘性流体の定常流において外力が重力のみの場合，流体の圧力エネルギー，運動エネルギーおよび位置エネルギーが存在し，これらの総和はつねに保存される．

$$\frac{p}{\rho} + \frac{v^2}{2} + gz = \mathrm{const}\ (一定)$$

ここで，ρ：流体密度，p：圧力，g：重力加速度，v：流速，z：基準面からの高さとする．

$$C_\mathrm{p} = 4a(1-a)^2 \tag{3.14}$$

ここで，上式からその最大値は $dC_\mathrm{p}/da = 0$ として，$a = 1/3$ を得る．

$$C_\mathrm{p,max} = \frac{16}{27} = 0.593 \tag{3.15}$$

この 0.593 が理論最大値で，前述のベッツ数である．

実際は，空気の抵抗や粘性による摩擦などで効率は 40% 以下になる．風車の形式や風速と翼の先端の速度の比(周速比)によって，**パワー係数** C_p は異なる．図 3.9 に示すように，プロペラ型で最大 45% 程度である．発電システムにおいては，さらにギアなどの機械伝達効率(95%程度)や発電機効率(90%程度)があるため，電気エネルギーに変換する効率はこれらの積の 30〜40% となる(図 3.10)．

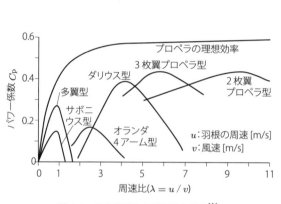

図 3.9 風力発電の各種損失と効率[1]

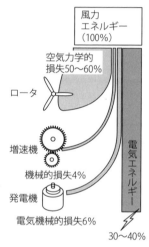

図 3.10 風力発電の各種損失と効率[9]

3.4.3 発電システムの構成

発電システム全体は，風力エネルギーを回転動力に変換するロータ，ロータから発電機へ動力を伝える伝達系，発電機などの電気系，運転・制御系，および支持・構造系からなる．プロペラ型風力発電システムとその構成を図 3.11 および表 3.2 に示す．

(1) ブレード(羽根)

ブレード枚数として欧米では 3 枚が主流になっている．枚数が少ないとコストダウンにはなるが，同一出力に対してブレードが長くなり，必要回転数も増すので，騒音とともに材質の強度の制約が生じる．一般に，ブレード 3 枚は振動が起こりにく

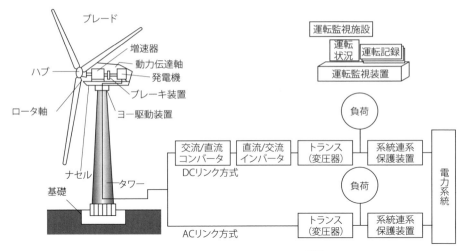

図 3.11 プロペラ型風力発電システム[10]

表 3.2 プロペラ型発電システムの構成[1]

ロータ	ブレード	回転羽根，翼
	ロータ軸	ブレードの回転軸
	ハブ	ブレードの付け根をロータ軸に連結する部分
伝達系	動力伝達軸	ロータの回転を発電機に伝達する
	増速機	ロータの回転数を発電機に必要な回転数に増速する歯車(ギア)装置
電気系	発電機	回転エネルギーを電気エネルギーに変換する
	電力変換装置	直流，交流を変換する装置(インバータ，コンバータ)
	トランス	系統からの電気，系統への電気の電圧を変換する装置
	系統連系保護装置	発電設備の異常，系統事故時などに発電設備を系統と切り離し，系統側の損傷を防ぐ保護装置
運転・制御系	出力制御	風車出力を制御するピッチ制御あるいはストール制御
	ヨー制御	ロータの向きを風向に追従させる
	ブレーキ装置	台風時，点検時などにロータを停止させる
支持・構造系	ナセル	伝達軸，増速機，発電機などを収納する部分
	タワー	ロータ，ナセルを支える部分
	基礎	タワーを支える基礎部分

く，安定性が良い．材質は，現在では主としてガラス繊維強化プラスチック(GFRP，glass fiber reinforced plastics)が用いられ，軽量で耐久性が良いが，風車の大型化にともない炭素繊維強化プラスチック(CFRP，carbon fiber reinforced plastics)も採用されている．

(2) 増速機

ロータの回転数はその直径にもよるが，一般に毎分数十回転である．一方，風力発電システムで多く用いられる誘導発電機の回転数は毎分 1500 ないし 800 回転(50, 60 Hz)であるので，歯車(ギア)を用いて増速する．風車騒音の中で，主な機械騒音源がこの増速歯車であるので，同期発電機を採用して発電機を多極化し，歯車をなくした可変速のギアレス風車の導入が増えている．

(3) 発電機

交流発電機のタイプとしては誘導発電機と同期発電機の 2 種類がある．誘導発電機は，構造が簡単で低コストなため広く用いられているが，出力変動による電圧変動の問題がある．一方，同期発電機は誘導発電機に比べてコスト高になる傾向があるが，電圧制御が可能なため系統への影響が少なく，また独立運転も可能である利点をもち，実用機の中で採用されるケースが増えている．

これら交流発電機の極数は一般に 4 極が用いられるが，6 極と 4 極の変換方式を採用して，ロータ回転数を低速/高速運転の 2 段切り替えにすることにより，**カットイン(起動)風速**を下げ，低風速域での発電量を増やす例がある．この場合，定格出力は大小二つ(たとえば，1000/250 kW)で表される．

(4) 系統連系

発電機の出力を系統連系する場合に図 3.11 に示したように，AC リンク方式と DC リンク方式がある．AC リンク方式は，トランス(変圧器)のみを介して系統に直接接続する．DC リンク方式は，発電機の交流出力をいったん直流に変換し，さらに系統と同じ周波数の交流に変換するもので，コスト増になるが，出力変動に関係なく品質の高い電力として系統連系でき，可変速運転システム(ロータの回転速度を風の強さに応じて変化させる運転方法)で主に用いられる．

(5) 運転制御

発電機の定格出力の限界から，定格風速以上で出力制御を行う必要がある．出力制御方式としてピッチ制御，ストール(失速)制御およびアクティブストール制御が用いられる．

ピッチ制御は風速・発電機出力を検知して，ブレードの取り付け角(ピッチ角)を変化させることにより出力を制御するもので，通常油圧で行われるが，小型機ではメカニカルガバナーなど機械的に行うものもある．また，出力制御だけでなく，台風などによる強風時にはピッチ角を風向に平行(フェザーリング状態)にし，ロータを停止させ風圧を小さくする機能，回転数制御による過回転防止など，安全・制御装置としても用いられる．

ストール制御はピッチ角を固定にして，一定以上の風速になるとブレード形状の空気特性により，失速現象が生じて出力が低下することを利用して出力制御するもので，ピッチ制御に比べてシンプルな構造で低コストとなる．ブレード先端には，過回転時に空力的にブレーキをかけるエアーブレーキ用チップを備えている場合が多い．

アクティブストール制御は，従来のストールブレード形状とブレードの取り付け角度を変え，ピッチ制御に比べて運転中のブレードの作動を最小限に抑えることができる方式である．ブレード先端のエアーブレーキ用チップはなく，ピッチ制御とストール制御を組み合わせた方式である．

ヨー制御システムは，ロータの方向を風向に追従させるもので，フリーヨーと強制（アクティブ）ヨーがある．フリーヨーはダウンウィンド方式の場合，ロータにはたらく空気力が自動的にロータを風向に追従させる力として機能するものである．アップウィンド方式に採用されている強制ヨーシステムは，風向センサーによりロータに相対的な風向を検知して，油圧あるいは電動モータによるヨー駆動装置を用いて制御を行う．

ブレーキ装置としては，ピッチ制御の場合のフェザーリング装置以外に，油圧によるディスクブレーキ，さらにヨー制御によりロータの向きを風向に対して90°にするものなどがある．ストール制御の場合，ロータの過回転時にブレードの先端に装着されたエアーブレーキ用チップが遠心力により作動する空力ブレーキを備えているものが多く，機種によってはヨー制御によってロータの向きを風向に対して平行にすることも行われる．

運転監視装置は，風車の起動，停止および運転状態の監視や記録を行い，事業者の運転管理室から電話回線による遠隔操作も行う．さらに，メーカーやメンテナンス会社に接続して緊急時の迅速な対応サービスを行う．

(6) タワー

タワーには，円柱状のモノポール式と格子状のトラス（ラティス）式がある．トラス式は低コストであるが，景観上から最近ではモノポール式がほとんどである．タワーの材質は，鋼製が一般的であるが，一部でコンクリート製も採用されている．

3.4.4 風況と出力

(1) 運転特性

図3.12のように，発電システムは，一定風速以上になると，発電を開始し（**カットイン風速**），出力が発電機の定格出力に達する風速以上ではピッチ制御あるいはストール制御による出力制御を行い（定格風速），さらに風速が大きくなると危険防止のため

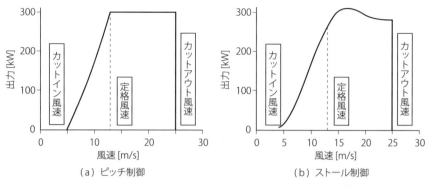

図 3.12 風力発電システムの運転特性(定格出力 300 kW)の例[1]

ロータの回転を止め,発電を停止する(**カットアウト風速**).これらの風速値は,一般に次のような値が採用される.

- カットイン風速: 3〜4 m/s
- 定格風速: 12〜16 m/s (定格出力に依存)
- カットアウト風速: 24〜25 m/s

なお,強風時のカットアウト状態から風速が低下したときに運転を再開する「復帰風速」は 20 m/s 程度,またはそれ以下に設定される.

(2) 年間の発電電力量と設備利用率

年間の発電量(エネルギー取得量)は,風力発電システムの出力曲線と設置のタワー高さにおける風速出現率分布を用いて,次の式により求められる.

$$\text{年間発電量[kWh]} = \sum_i (V_i \cdot f_i \cdot 8760 \, [\text{h}]) \tag{3.16}$$

ここで,V_i:風速階級 i の発電出力[kW],f_i:風速階級 i の出現率,8760 [h]:年間の時間,365 [日] × 24 [h]である.

風速出現率分布の観測データがない場合,平均風速により推定されるワイブル分布を用いて発電電力量を推定し,導入に対する概略評価として用いる.一般には,簡単のために形状係数 $k=2$ のワイブル分布であるレーレ分布(式(3.6))が用いられ,年平均風速に対する年間発電量の計算例を図 3.13 (a)に示す.

次に,**設備利用率**は次の式から求められる.

$$\text{年間設備利用率[\%]} = \frac{\text{正味年間発電量}}{\text{定格出力} \times 8760 \, [\text{h}]} \times 100 \tag{3.17}$$

利用率の例を図 3.13 (b)に示す.年平均風速 6 m/s で年間設備利用率 20%が得られる.すなわち,年間 8760 h のうち 20%の約 1750 h が定格出力で運転される.

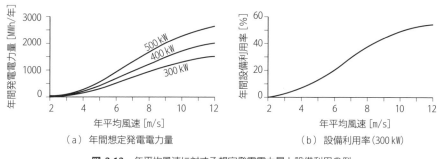

図 3.13 年平均風速に対する想定発電電力量と設備利用の例

稼働率はシステムの発電可能な稼働時間率を表すもので，風車が運転されている時間の合計を年間時間で割った値であり，カットイン風速からカットアウト風速までの風速出現率の累積により求められる．

稼働率 ＝ カットイン風速以上の累積出現率 － カットアウト風速以上の累積出現率
(3.18)

3.5 風力発電導入の流れ

風力発電の導入に対する全体のフローを図 3.14 に示す．風況データのほかに地形，気象条件(塩害，着雪，着氷，落雷，砂塵)，地盤条件，さらに社会条件(区画指定，土地利用，送電線，道路，騒音，電波障害，景観)や生態系などの事前の立地調査が必要である．

次に，風況調査である．一般に，平均風速が高い，すなわち地上高さ 30 m で年平均風速が 5 m/s 以上，できれば 6 m/s 以上で，風向が安定，さらに年間風向出現率が 60％以上あること，乱れ強度が小さいことが重視される．さらに，地形条件の影響を強く受け，地形により乱れ強度(風速の標準偏差/平均風速)は 0.1〜0.3 程度あるので，これを大幅に超えないことに注意が必要である．発電に関しては，年間稼働率が 45％以上，年間設備利用率が 20％以上であることが望まれている．

このような調査の結果，導入の可能性が見込まれ，経済性検討から導入が決定したら，設置地点や風車規模(容量，台数，配置)の基本設計が必要となり，下記の手順に従う．

 (ⅰ) 機種の選定
 (ⅱ) 環境影響の評価(騒音，電波障害，景観など環境への影響)，
 (ⅲ) 経済性の検討(系統連系や余剰電力の取り扱いなどを含む)

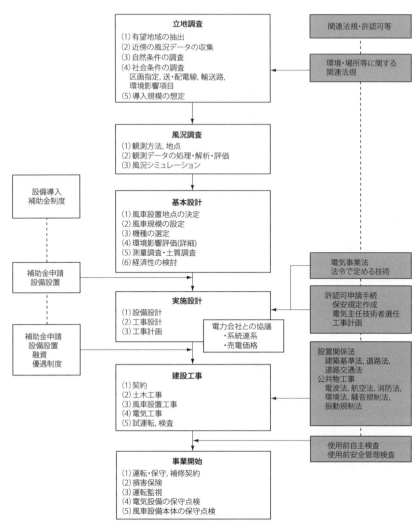

図 3.14 風力発電導入の流れ[1]

以降は，図 3.14 の流れに沿って進むが，これらの詳細に関しては『風力発電システムの設計マニュアル』[10] がある．

3.6 今後の課題

鳥の衝突や景観，騒音などの立地面での制約や台風，雷などの気象条件，さらに発電機の故障や倒壊事故などへの安全対策のほか，導入課題として次のようなことが挙

コスト削減　一般に大気の乱れが大きく，設備利用率などに起因して発電コストが高い．総合資源エネルギー調査会[11]の2014年の1 kWあたりの発電コストは，一般水力11.0円，石油火力30.6〜43.4円，石炭火力12.3円，LNG火力13.7円，原子力10.1円〜，太陽光発電（メガ）24.3円，地熱19.2円に対して，風力発電（陸上）は21.9円であり，一層のコスト削減が望まれる．

不安定な出力の大規模導入による電力系統への影響　大型機が集積するウィンドパークなどでは既存送電系統への統合が問題となる．地域間送電線や地域間連系線の整備・強化を図る必要がある．

洋上（オフショア）風力発電　陸上における適地が開発によって減少しているのに対して，洋上では風の乱れや高さ方向の風速変化が小さく安定している．さらに，景観や騒音の問題が陸上に比べて小さい，などの理由により，最近は洋上風力発電システムが注目されている．**着床式**（海底に直接基礎を設置する構造のため水深30 m程度が限度）と**浮体式**（浮体を基礎として係留索などで固定する）に分類される．着床式については，1991年にデンマークが世界で初めて洋上風力発電所を建設し，以降，欧州北海沖やバルト海で大規模な洋上ウィンドファーム建設が始まった．2013年末で合計7 GW，2153台が運転中，合計6 GWが建設中である．浮体式については世界的にもいまだ実証研究の段階にある†．洋上への水深，海底地質など設置工事の技術的・経済的課題や，浸水や塩害対策および生態系への影響，海洋環境対策，さらに地震，津波，船舶の衝突，係留索破損など安全確保など解決すべき問題が存在する．さらに，洋上風力発電システムの価格（設備費＋施工，陸上への系統連系費用）は世界平均で約36〜56万円/kWと陸上風力の約2〜3倍の水準にあり，今後の低減が注目されている．

将来に向けて，風力発電の電力を用いて水の電気分解によって水素を作り，発電できないときにはこの水素を用いて燃料電池を稼働させ，系統電力に頼らない「自律型のエネルギーシステム」，さらに大型蓄電池やコージェネレーション（熱電併給）機能を加えたエネルギーシステムが検討されている．

---

† 国土面積の12倍（447万km^2）と排他的経済水域の広いわが国では，浮体式について世界初の本格的な事業化を目指し，2014年に長崎県沖で100 kW×1基，福島県沖で2 MWダウンウィンド型洋上風力発電1基と洋上サブステーションの設置，運転が開始され，福島県沖では第2期工事として世界最大級の7 MW×2基の浮体式洋上風力発電設備が実証実験の予定である．着床式では，2013年から千葉県銚子沖および福岡県北九州沖において実証機運転が開始されている．

バイオマスエネルギー

この章の目的

バイオマスは，人類が最初に発見したエネルギー源であり，長い歴史のほとんどにおいて主たる熱源として利用されてきた．しかし，産業革命以降は大量に利用できるようになった石炭，石油，天然ガスといった化石燃料および原子力に主流の座を譲り，一部の地域または特殊な領域でのみ利用されてきた．しかし，近年 CO_2 排出抑制にかかわる地球温暖化防止，循環型社会構築への寄与，さらに福島第一原子力発電所事故に端を発する原子力発電の信頼失墜から，再生可能エネルギーの重要性が強調されるようになり，その一つとして**バイオマスエネルギー**も再認識され，利用技術の開発が促進されるようになってきた．本章では，バイオマスのエネルギー利用の現状および課題について，種類と特性，エネルギー変換技術および利用形態の技術的側面について学ぶ．

4.1　バイオマスエネルギーの概要

　バイオマスは，動植物由来の有機性資源のうち，化石燃料を除いたものと定義され，太陽光エネルギーを用いて，水と空気中の二酸化炭素から光合成により持続的に生成される．バイオマスエネルギーはこの有機物がもつ化学エネルギーであり，熱，機械および電気エネルギーに変換して利用する際に化学反応をともなう．最終的には二酸化炭素，水および残渣を放出してエネルギー利用のサイクルが終了するため，単純には**カーボンニュートラル**（二酸化炭素の収支がプラスマイナスゼロという意味）の条件を満たす．自然から与えられた物理的エネルギーを利用し，利用に際して化学的変化をともなわない，ほかの再生可能エネルギーとは本質的に異なる．

　1997 年に制定された「新エネルギー利用等の促進に関する特別措置法」および「施行令」において，非化石エネルギーの導入を図るためにバイオマスを原料とした燃料製造，バイオマスまたは燃料の熱および発電への利用促進が掲げられている．

　わが国において，バイオマス利用の促進を明確化したきっかけは，2002 年に閣議

決定された「バイオマス・ニッポン総合戦略」である．この中でバイオマスの利用方法として，マテリアル利用だけでなくエネルギー利用が明確化された．

その後，バイオマスの活用推進に関する施策を総合的かつ計画的に推進することを目的とした「バイオマス活用推進基本法」が，2009年に制定された．これに基づき「バイオマス活用推進基本計画」が2010年に閣議決定され，バイオマスの利用を一層促進するため2020年の利用率目標が提示された．

4.2　バイオマスの分類

表4.1に，エネルギー利用資源としてのバイオマスに対するNEDOによる分類を示す．バイオマス資源は三つに大別できる．

（ⅰ）廃棄物系資源は，生活や産業活動により生じる副産物や廃棄物であり，適切に処分することが義務付けられている．これが，再生原料およびエネルギー源として利用するための促進要因の一つとなっている．

（ⅱ）未利用系資源は，逆有償での処分義務がともなわないもので，現状では収集コストが高いため未利用状態で放置されているが，エネルギー利用が期待されている．

（ⅲ）生産系資源は，エネルギー利用を目的に栽培されるバイオマス資源であり，

表4.1 バイオマス資源の種類[1]

(Ⅰ) 廃棄物系資源	木質系バイオマス	製材工場残材		(Ⅱ) 未利用系資源	木質系バイオマス	森林バイオマス	林地残材	
		建設発生材料					間伐材	
	製紙系バイオマス	古紙					未利用樹	
		製紙汚泥					その他木質系バイオマス(剪定枝など)	
		黒液				農業残渣系	稲作残渣	稲わら
	家畜排せつ物	牛ふん尿						もみ殻
		豚ふん尿					麦わら	
		鶏ふん尿					バガス	
		その他家畜ふん尿					その他農業残渣	
	生活廃水	下水汚泥		(Ⅲ) 生産系資源	木質系バイオマス	短周期栽培木材		
		し尿・浄化槽汚泥				牧草		
	食品廃棄物	食品加工廃棄物			草本系バイオマス	水草		
		食品販売廃棄物	卸売市場廃棄物			海草		
			食品小売業廃棄物		その他	藻類		
		厨芥類	家庭系厨芥			糖・でんぷん		
			事業系厨芥			植物油	パーム油	
		廃食用油					菜種油	
	その他	埋立地ガス						
		紙くず・繊維くず						

近年研究開発が盛んになってきている．

4.3 バイオマスの特性

バイオマスのエネルギー利用に関連した特性について述べる．

有機物資源　バイオマスは植物を基本とする**有機物資源**であり，エネルギー利用に先行あるいは並行して，衣食住および産業にかかわる基本的物質としてマテリアル利用される．一般的に付加価値はマテリアル利用のほうがエネルギー利用より高い．

物理的あるいは化学的変換　バイオマスのエネルギー利用は，それがもつ化学エネルギーを熱エネルギー，あるいはそれを経由して機械エネルギー，電気エネルギーに変換することである．この際，前工程としてバイオマスをエネルギー変換システムに適合した形態あるいは性質をもつ物質に変換することが必要である．

貯蔵性および可搬性　有機物であるバイオマスは，固体，液体あるいは気体燃料化することにより，運搬，貯蔵が可能となる．再生可能エネルギーの中で唯一，場所，時期を選ばず需要に合わせたエネルギー利用ができるため，輸送用を含めた化石燃料の代替のエネルギー源となる能力をもつ．

再生可能性　人間の関与に関係なく持続的に供給されるほかの再生可能エネルギーと異なり，バイオマスは環境破壊等があると再生可能ではなくなる．適切に管理された自然再生や人工再生を行うことにより，持続的な製造が可能となる．

カーボンニュートラル　原理上は大気中の二酸化炭素が増加することはなく，**カーボンニュートラル**の条件を満たす．ただし，栽培，収集，輸送，加工等の段階で化石燃料由来のエネルギーを使用すれば，この条件は満たされない．

地域的な偏在がない　化石燃料のように地域的に偏在しておらず，植物が生育する環境があれば人間の努力でバイオマスを得ることができるため，エネルギーの安全保障に役立つ．ただし，資源が広く薄く散在するとともに生産量が季節的に変動するため，継続的に産業利用するには収集，輸送および貯蔵が必要となり，その効率化とコスト低減が必須となる．地産地消が有利である．

地域社会との強い結び付き　有機廃棄物の資源化，森林や農業での未利用資源の有効利用は，地域の社会活動に直結しており，環境維持に役立つとともに，地域振興や新たな産業育成の種となる可能性をもつ．

4.4 バイオマス利用の現状

表4.2に，2010年に閣議決定されたバイオマス活用推進基本計画に提示されているわが国での廃棄物系および未利用系バイオマスの年間発生量，利用率および2020年の利用目標を示す．ただし，エネルギー利用だけでなくマテリアル利用も含む．

表4.2 バイオマス活用推進基本計画(2010年閣議決定)[2]

バイオマスの種類	現在の年間発生量 [万 t] *1	現在の利用率	2020年の目標利用率
家畜排せつ物	約8800	約90%	約90%
下水汚泥	約7800	約77%	約85%
黒液	約1400	約100%	約100%
紙	約2700	約80%	約85%
食品廃棄物	約1900	約27%	約40%
製材工場等残材	約340	約95%	約95%
建設発生木材	約410	約90%	約95%
農作物非食用部	約1400	約30%（すき込みを除く）	約45%
		約85%（すき込みを含む）	約90%
林地残材	約800	ほとんど未利用	約30%以上 *2

*1 黒液，製材工場等残材，林地残材については乾燥重量．ほかのバイオマスについては湿潤重量．
*2 数値は現時点の試算値であり，今後「森林・林業再生プラン」(2009年12月25日公表)に掲げる木材自給率50%達成に向けた具体的施策とともに検討し，今後策定する森林・林業基本計画に位置付ける予定．

4.5 バイオマスエネルギー変換技術

表4.3に，各種バイオマスに対して適用される変換技術と目的とするエネルギー利用形態を示す．バイオマスエネルギーの変換技術は，バイオマスを燃料に変換する際に利用する技術から，物理的変換，熱化学的変換，生物化学的変換の三つに分類される．

4.5.1 物理的変換技術

物理的変換技術は，化学的変化をともなわない物理的変化のみでバイオマス発電や熱利用に適した以下の各種固体燃料に変換する技術である．

薪・チップ　薪は利用しやすい寸法に切断，乾燥された木材であり，小規模なボイ

表 4.3 バイオマスエネルギー変換技術とエネルギー利用形態[1]

エネルギー変換技術			エネルギー利用形態		
			発電	熱利用	輸送燃料
物理的変換	固体燃料製造	薪，チップ	○	○	－
		ペレット，ブリケット			
		RDF*1，バイオソリッド*2 等			
熱化学的変換	気体燃料製造	熱分解ガス化	○	○	－
		水熱ガス化	△	△	－
	液体燃料製造	BTL（ガス化－触媒反応）	－	－	△
		バイオディーゼル燃料製造（エステル交換・酸化安定化）	○*3	－	○
		急速熱分解	－	－	△
		水熱液化	－	－	△
		藻類由来のバイオ燃料製造	－	－	△
	固体燃料製造	炭化・半炭化	○	○	－
生物化学的変換	気体燃料製造	メタン発酵	○	○	○
		バイオ水素製造	△	－	△
	液体燃料製造	エタノール発酵	－	－	○
		ブタノール発酵	－	－	△

○：実際に利用されている形態　△：研究開発されている形態
*1：RDF：可燃ごみを原料として破砕，成形，乾燥された固体燃料（refuse derived fuel の略）
*2：バイオソリッド：下水を固体燃料化したもの
*3：主に助燃剤として利用

ラ，ストーブ等で利用される．**チップ**は切削破砕機（チッパー）を用いて木質系バイオマスを小片に砕いた物で，燃料以外に製紙材料やガーデニング材料としても利用される．

ペレット（pellet）　廃木材，間伐材等の原料を一次破砕し，乾燥機で含水率10〜20%まで乾燥させた後，粉砕し成形機に供給する．成形機で小孔に押し込まれて，直径6〜10 mm，長さ10〜25 mm のペレットに成形される．**ペレット**は，形状，含水率，発熱量を調整できるため木材よりも燃焼制御が容易で，輸送・貯蔵に優れる．石炭火力発電ボイラで混焼されるなど，利用が拡大している．

ブリケット（briquette）　バイオマスを原料とする**ブリケット**には，木質ブリケットとバイオブリケットがある．前者は，建築廃材，製材鉋屑，バガス等を粉末化した後，ブリケットマシンを用いて高温，高圧下で直径70 mm 程度，長さ80〜300 mm 程度の薪状に圧縮成形したもので，薪同様に扱える．後者は，重量比で石炭70〜90%，

バイオマスを 10～30%，脱硫剤として消石灰 ($Ca(OH)_2$) を混合し，ブリケットマシンにより圧縮成形して製造される．バイオブリケットは，石炭専焼に比較するとばいじんが少ない，燃焼持続性がよい，未燃分がほとんどない，石炭中の硫黄のほとんどが固定されるといった特長をもつ．

RDF (refuse derived fuel)
RDF は，自治体が家庭から収集した生ごみ，紙，プラスチック等の可燃ごみを破砕・乾燥し，接着剤・消石灰を加えて圧縮・固化し，直径 15～50 mm の円筒状のペレットにした物である．RDF 製造は，ごみ減量のための切り札として 1990 年代後半から地方自治体で積極的に導入されたが，製造時のダイオキシンの発生，貯蔵時の火災事故を経験し，十分な公害防止対策，燃焼管理が必要といった多くの課題と対策のためのコスト上昇が顕在化したため，新たな RDF 発電設備は設置されなくなった．

RPF (refuse paper & plastic fuel)
RPF は，企業から分別排出される紙，プラスチックを原料として直径 6～40 mm のペレットにした物である．少量のエネルギーで製造でき，一般廃棄物に比べ異物が少ない，含水率が低い，発熱量が大きい，集塵装置以外に特別な付帯設備が不要などの利点から，ボイラ用，高炉用，発電用の燃料として利用が拡大している．しかし，純粋なバイオマス燃料とはいえない．

バイオソリッド (biosolids)
バイオソリッド燃料は，下水汚泥を含水率 10% 以下の直径数 mm 程度以下の粒に乾燥造粒して製造される．主に石炭火力発電所の微粉炭ボイラで使用される．

4.5.2 熱化学的変換技術

(1) 気体燃料製造

a) 熱分解ガス化

熱分解ガス化は，木質系，農業系等の固体バイオマス原料にガス化剤を供給し，高温において熱分解と化学反応によって，ガス化発電用燃料あるいは液化バイオガス (BTL) 等の原料となる合成ガスに変換する技術である．ガス化剤としては，空気，酸素，水蒸気，二酸化炭素を必要に応じて混合したものが用いられる．得られる合成ガスの成分は，H_2，CO，メタン等の炭化水素，CO_2 であり，処理条件により成分割合は変化する．

熱分解ガス化は，雰囲気圧力により常圧ガス化と加圧ガス化に分けられ，前者は 0.1～0.12 MPa で，後者は 0.5～2.5 MPa で処理を行う．ガスタービン燃料やメタノール合成プロセスのようにガス化後の利用工程で高圧ガスが必要となる場合以外には，加圧ガス化のメリットはない．

加熱方法には直接ガス化と間接ガス化があり，前者ではバイオマスの完全燃焼に必

要な量の約 1/3 の酸素を供給することにより部分燃焼させ，温度を約 800°C に維持する．後者は反応系外から熱を供給して加熱するもので，ガス化剤に水蒸気が用いられるため，生成ガス発熱量が高く良質ガスが得られる等のメリットがあるが，直接ガス化方式より装置が複雑となりエネルギー効率でも劣る．

ガス化炉は，実用的な見地から，常圧・直接ガス化方式が大半を占め，生成ガスの利用システムに直結して設置される．ガス化炉には，固定床，流動層，噴流床，ロータリーキルンといった各種型式があり，それぞれの特徴を活かした使い分けがなされている．

b) 水熱ガス化

水熱ガス化(hydrothermal gasification)は，研究開発段階にある．建設費が高いため商用プラントはまだない．水熱ガス化は，バイオマスを臨界点($374°C$，$22.1\ \mathrm{MPa}$)以上の超臨界状態の加圧熱水中で処理して可燃性ガスを得る方法である．反応は数分で完了し，迅速かつほとんど完全なガス化を実現でき，タールを含まないガスを得ることができる．アルカリ・金属・炭素等の触媒が反応促進に有効であるとされる．熱分解ガス化では扱えない含水性のバイオマスも経済的に処理できる．生成ガスの主成分は水素，二酸化炭素およびメタンである．

加熱に大量の熱量が必要であるが，生成ガスから原料に熱交換することにより 70%の熱効率も可能とされる．

(2) 液体燃料製造

a) ガス化液体燃料，BTL の製造

BTL (biomass-to-liquid)は，原料バイオマスの熱分解ガス化によって得られる合成ガスから，触媒を用いて液体燃料を得る技術，あるいは得られる石油代替燃料の総称を指す．図 4.1 に，合成ガスから得られる燃料その他合成化合物を示す．最適な合成ガスの H_2/CO 比は目的製造物によって異なり，熱分解ガス工程での，ガス化剤の種類，圧力，温度などで制御される．合成ガスをそのまま燃焼してガス発電に使用する場合と異なり，触媒反応により液体燃料を得るため，触媒を被毒させる不純物の除去が必要となる．

適用するバイオマス資源は，木質系バイオマス，農業残渣，草木系バイオマス，厨芥である．対応可能な原料の範囲が広く，有機化合物であればすべて適用可能である．

b) エステル交換によるディーゼル代替燃料，FAME の製造

バイオディーゼル燃料(BDF：biodiesel fuel)といえば，一般的には脂肪酸メチルエステル(FAME：fatty acid methyl ester)を指す．FAME 製造の基本となる反応式を図 4.2 に，製造システムのフローを図 4.3 にそれぞれ示す．FAME は，脂肪酸のエス

4.5 バイオマスエネルギー変換技術

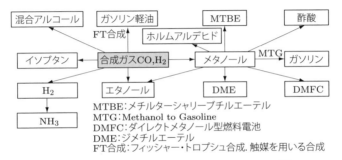

図 4.1 合成ガスを基点とする燃料/ケミカルズの製造[1]

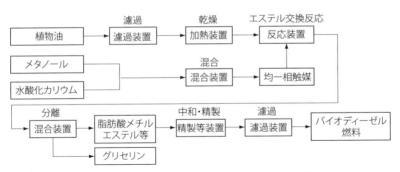

図 4.2 FAME 生成反応式

図 4.3 エステル交換による FAME 生成のフロー[1]

テルであるトリアシルグリセロール(トリグリセリド)とメタノールを原料として，アルカリ触媒を加えてエステル交換し，グリセリンとともに生成される．トリアシルグリセロールは動・植物油の主成分であり，植物油や廃食物油を原料として FAME が合成される．

FAME は，軽油と同等の粘度や密度をもつため，既存のディーゼル機関を改良せずに代替燃料として使用されるが，以下の特性に留意する必要がある．

- 溶媒効果があり，シーリング材を耐性のあるものに変更する必要がある．
- 酸素と反応しやすい構造をもつため，空気に曝されない状態で保存する必要がある．

c) 糖分解(酸触媒)によるガソリン代替燃料，DMFの製造

2,5-ジメチルフラン(DMF：2,5-dimethylfuran)は，フルクトース(果糖：$C_6H_{12}O_6$)やグルコース(ブドウ糖：$C_6H_{12}O_6$)からHMF(ヒドロキシメチルフルフラール：$C_6H_6O_3$)を経て化学的に合成され，化学式C_6H_8Oで表される．図4.4に生成プロセスを示す．

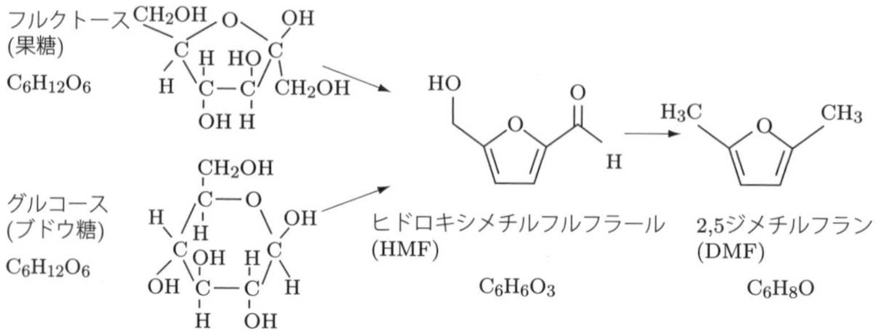

図 4.4 フルクトース・グルコースからHMFを経由したDMFの生成プロセス

将来有望なガソリン代替バイオ燃料として，効率的な製造方法の開発等普及に向けた取り組みが本格化している．以下にDMFの特性を示す．

- エネルギー密度がエタノールよりも高く，ガソリンと同程度である．
- 化学的に安定で水と混ざらないため，空気中の水分を吸収することがない．
- 沸点は92～94°Cで，エタノールより高い．

d) 水素化分解によるジェット燃料代替燃料，SPKの製造

現在の機体・エンジンを改造せず，そのまま使用可能なドロップイン型代替燃料として，原料および精製工程が異なる下記の2種類の合成パラフィンケロシン(SPK, synthesized paraffinic kerosene)の研究・開発が進められている．FT-SPKが先行していたが，最近はBio-SPKの研究・開発が活発に進められている[3]．

FT-SPK　ガス化原料からFisher-Tropsch法により合成される混合液体を水素化分解・分留(hydrocracking)して得られるSPKであり，図4.5に製造フローを示す．ASTM(米国試験材料協会) D7566 Annex1に規格が示されている．原料により3種類のSPKがあるが，バイオ燃料はBTLのみである．

- 石炭から製造される水生ガスを原料とするCTL (coal to liquid)
- 天然ガスから製造される合成ガスを原料とするGTL (gas to liquid)
- バイオマスから製造される生成ガスを原料とするBTL (biomass to liquid)

　　　FT合成での反応式：$CO + 2H_2 = 1/n\,(CH_2)_n + H_2O：n = 1～100$

図 4.5　FT-SPK の製造フロー概略

Bio-SPK　植物油,廃獣油等を水素化処理(hydrotreating)して得られる混合液体を水素化分解・分留して得られる SPK であり,図 4.6 に製造フローを示す.ASTM D7566 Annex2 に規格が示されている.現在広く開発が進められている原料の例を以下に示す.

- カメリナ(アブラナ)の種子からの搾油
- ジャトロファ(ナンヨウアブラギリ)の種子からの搾油
- 微細藻,とくにユーグレナ(ミドリムシ)

図 4.6　Bio-SPK の製造フロー概略

e)　急速熱分解

急速熱分解は,研究開発段階の技術であり,バイオマスを 500～600°C の温度まで瞬間的あるいは急速に加熱することによって熱分解を進行させ,油状生成物を得る.昇温後,一気に冷却して高次の熱分解反応を抑制することにより,熱分解油や有用な高分子化合物を得ることができる.触媒は用いない.液収率が 60～80% と高く,熱分解油の生産にもっとも適した技術と評価され注目されている.

急速熱分解の方法には,熱砂浴,赤外線加熱,遠心力型加熱,マイクロ波加熱があるが,いずれの方法も大規模な処理には適さない.適用できる原料は木質系バイオマスである.生成物は,微量の油分,水分の多い有機溶液と親水性タールの混合物であり,加熱温度と昇温速度により割合は変化する.

$$代表的な生成反応式:(C_6H_{12}O_5)n \rightarrow (CH_2)m$$

f)　水熱液化

水熱液化は,バイオマスを高圧・高温の熱水中(300°C,10 MPa 程度)で反応させて熱分解させる技術であり,研究開発段階にある.気相,水相,液相(チャーを含むオイル状生成物)の生成物を得るが,オイルを利用する場合には気相と水相の処理が必要である.

原料の乾燥が不要であるため,水性バイオマス,生ごみ,汚泥など,含水率の高いバイオマスの変換に適している.

g) 藻由来バイオ燃料製造

図 4.7 に示すように，藻類から多種のバイオ燃料を生産し得ることが明らかになってきた．近年とくに注目されているのは，ほかのバイオマス原料に比べて油含有率が非常に高いある種の微細藻類を培養し，それを原料としてバイオ原油を抽出する技術である．原油製造段階では化学的変換は必要としない．得られるバイオ原油に，さらにエステル交換，水素化等の化学変換を行い，バイオディーゼル油，バイオジェット燃料その他各種バイオ燃料を得ることができる．

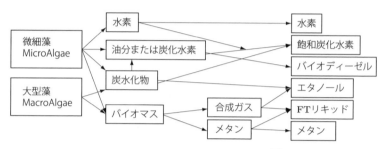

図 4.7 藻類から製造されるバイオ燃料[4]

微細藻類由来バイオ燃料は以下の特徴をもっており，第三世代のバイオ燃料として期待される．

- 単位土地面積あたりの収率がほかのバイオマスに比べて圧倒的に高い．
- 脂質の蓄積能力が非常に高い．炭素量の多い脂肪酸エステルが中心であり，化学工業用途等への適用が可能
- 陸上植物と異なり通年での栽培・収穫が可能
- 光合成による CO_2 固定化能力が高い．

現段階では製造コストが非常に高く，各工程でのコスト低減に向けた研究開発が進められている．もっとも重要なのは，脂質分を多く含みかつ培養速度の大きい微細藻類の発見と，高い増殖速度を維持する培養技術の開発である[4][5]．

(3) 固体燃料製造

a) 炭化

炭化は，木材，樹皮，竹，もみ殻などを，空気(酸素)を遮断あるいは制限して，熱分解することにより，生成物として気体，液体，固体燃料(炭)を得る技術である．熱分解温度は，黒炭で 400〜700°C，白炭 900°C 以上である．図 4.8 に炭化のフローを示す．

炭は燃料，活性炭，工業用などに使用される．タールはボイラ用燃料に，ガスは炭化処理での加熱用や乾燥用の熱源として使用される．

図 4.8　炭化のフロー[1]

b)　半炭化(低温炭化あるいはトレファクション：torrefaction)

燃料としての木質バイオマスは，化石燃料に比較して熱量密度が低く，含水分によるエネルギー消費が大きいことが問題である．従来の炭化では，その過程での加熱量が多いためエネルギー収率が低く，圧密化が困難という問題があった．

半炭化は，セルロース系バイオマス原料を酸素のない状態で200〜300℃程度の温度に加熱して行う処理を指す．その目的は，木質ペレットに比べて発熱量を向上させるとともに，耐水性を付与した固体燃料を，木炭製造に比べてより少ないエネルギーで製造することにある．これはもともとフランスで開発された技術であるが，欧州を中心に石炭火力発電所での混焼用および暖房用に需要が広まっている．

4.5.3　生物化学的変換技術

(1)　気体燃料製造

a)　メタン発酵(嫌気性消化)

メタン発酵は，バイオマスが酸素のない(嫌気性)条件で雑多な微生物の活動により分解し，最終的にメタンと二酸化炭素を生成する反応である．食品廃棄物，畜産廃棄物，廃水処理汚泥，有機性廃水やし尿等に対するメタン発酵プラントが実用化されている．メタンはエネルギー利用され，発酵残渣は液肥やコンポストとして農地還元される．

図 4.9 に，メタン発酵のプロセスを示す．反応は発酵槽内で進むが，その過程は，加水分解過程，酸生成過程，メタン生成過程に分けることができ，各過程で寄与する微生物が異なる．最終のメタン生成過程では，前過程で生成した酢酸や水素を原料としてメタンが発生する．メタン生成反応は次の化学式で表される[6][7]．

$$CH_3COOH + 4H_2 = 2CH_4 + 2H_2O$$
$$CO_2 + 4H_2 = CH_4 + 2H_2O$$

b)　バイオ水素製造

小規模分散型のエネルギー生産に適合する技術として開発が進められている．**微生物**を用いた技術とバイオマスの熱分解による技術を以下に紹介する[8][9]．

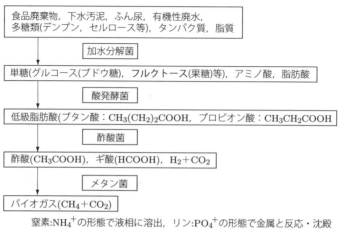

図 4.9 メタン発酵プロセス概要

① 微生物を用いた水素製造

3種類あるといわれており，これらに対する研究開発が進められている．

嫌気性細菌による水素生成（水素発酵）　嫌気性細菌は，設置場所や光の有無を問わず，夜間でも有機物を分解して水素を発生する．ただし，副産物として発生する酢酸や酪酸を分解できない．反応例の化学式を次に示す．

$$C_6H_{12}O_6 + 2H_2O \rightarrow 4H_2 + 2CO_2 + 2CH_3COOH$$

$$C_6H_{12}O_6 + 2H_2O \rightarrow 2H_2 + 2CO_2 + CH_3CH_2CH_2COOH$$

光合成細菌による水素生成（水素発酵）　光合成細菌は，光合成により有機物を分解して水素を発生する．有機物を完全に分解するが，光エネルギーがないときには生成できず，また変換効率が低い．反応例の化学式を次に示す．

$$CH_3COOH + 2H_2O \rightarrow 4H_2 + 2CO_2$$

$$CH_3CH_2CH_2COOH + 6H_2O \rightarrow 10H_2 + 4CO_2$$

上記の2種類を組み合わせて，反応槽の面積あたり水素発生能力を向上させたシステムの研究開発が進められている．

微細藻類による水素生成　藍藻（シアノバクテリア）や緑藻は，光エネルギーを利用して，酵素ヒドロゲナーゼおよびニトロゲナーゼのはたらきのもとに，水を分解して水素を生成する．有機物を必要としないため二酸化炭素を排出しないが，水素生産速度が遅い．生産性向上に向けた，遺伝子工学的改良や生産システムの研究開発が進められている．

ヒドロゲナーゼによる変換：$2H_2O \rightarrow 2H_2 + O_2$

ニトロゲナーゼによる変換：$4H_2O + N_2 \rightarrow H_2 + 2NH_3 + 2O_2$

② バイオマスの熱分解

高純度の水素を得る方法として研究開発が進められている．木質バイオマスの**乾留**(無酸素下で熱分解)によって得られる，水素や一酸化炭素からなる乾留ガスから水素を分離精製するシステムである．

ガス化：　　　　　　　　　　　　　　$C_6H_{12}O_6 \rightarrow 6H_2 + 6CO$

分離(PSA：pressure swing adsorption)：CO 吸着 $\rightarrow H_2$

　　(水素分離型改質)：　　　　　　　H_2 のみ水素透過膜を透過

(2) 液体燃料製造

a) エタノール発酵

バイオマスエタノールはバイオマスを発酵させ，蒸留して生産されるエタノールであり，ガソリンの代替燃料として再認識され，利用が広まっている．バイオマスエタノールの製造技術には，糖や炭水化物を原料とする第一世代エタノール発酵と，木質系バイオマスなどのセルロース系資源を原料とする第二世代エタノール発酵がある．

① 第一世代エタノール発酵

図 4.10 に第一世代エタノール発酵のシステムフローを示すが，基本的には酒類の製造方法と変わらない．ショ糖系原料，あるいは炭水化物系原料に糖化酵素を加えて得られた糖化原料に酵母を加えて発酵させる．生成物の液体分を蒸留・精製後脱水してエタノールを製造する．液体を抽出した後の固体分は飼料等に利用される．反応式は以下で表される．

デンプンの糖化：$(C_6H_{10}O_5)n + nH_2O \rightarrow nC_6H_{12}O_6$

糖の発酵：　　　$C_6H_{12}O_6 \rightarrow 2C_2H_5OH + 2CO_2$

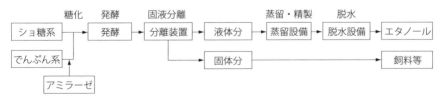

図 4.10 バイオマス資源を原料にしたエタノール発酵(第一世代)のシステムフロー例[1]

第一世代エタノールは，とくに米国とブラジルでは国家政策として製造が進められ，この 2 国で世界のバイオエタノール製造量の約 90％を占める．原料には，米国ではト

ウモロコシ，ブラジルではサトウキビ，EU では小麦やテンサイが使われ，日本では米，糖蜜，規格外小麦等が実験プラントで使用されてきた．いずれも食糧との競合回避が課題である．

② **第二世代エタノール発酵**

第二世代エタノール発酵は，木質系バイオマス，農業残渣，草木系バイオマス，製紙系バイオマスといったセルロース系原料からエタノールを製造する技術である．まだ研究開発段階にあるが，食糧との競合がなく，大規模に製造できる可能性があることから実用化へ向けた世界的な競争が展開されている．

図4.11 は，第二世代エタノール生産パイロットプラント・プロセスフローの一例である．破砕，複雑な構造をもつセルロース系バイオマスを解きほぐす前処理，糖化酵素を用いてセルロースを加水分解する糖化工程，五炭糖発酵工程が特長である．

破砕 → 前処理 → 糖化発酵 → 固液分離 → 蒸留 → C5発酵 → エタノール

図 4.11 バイオマス資源を原料にしたエタノール発酵（第二世代）のシステムフロー例[1]

b) ETBE（エチルターシャリーブチルエーテル）

ETBE（ethyl-tert-butyl ether）はエタノールとイソブテンから合成される物質である．化学式 $C_2H_5OC(CH_3)_3$ で表され，広義のアルコール燃料と考えられる．バイオエタノールと石油精製における副生物のイソブテンを原料として生成され，反応式は図 4.12 で表される．

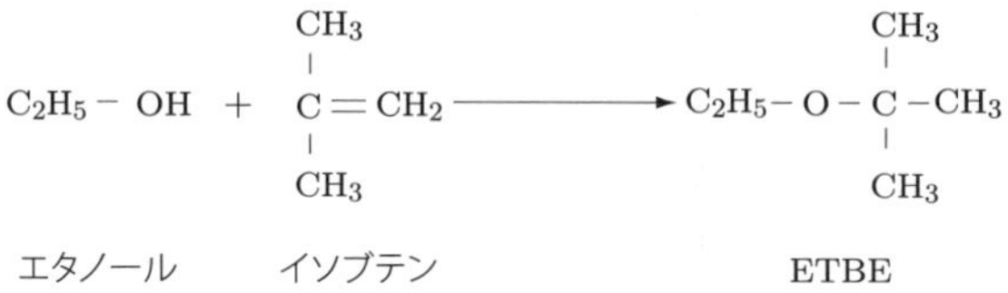

図 4.12 ETBE 生成反応式

ETBE は蒸気圧が低いため燃料が揮発しにくい，排気が清浄である，オクタン価が高いためアンチノック性が優れるというエタノール同様の特長に加えて，水との相溶性が低いため，水と混和しにくいというエタノール混合燃料における問題を解決する特長をもつ．このため精油所での混合燃料の製造が可能で，流通設備の改造は不要となり，石油業界からの販売が可能となる．

c) アセトン・ブタノール発酵

アセトン・ブタノール発酵とは，偏性嫌気性細菌（クロストリジウム属菌：*Clostridium*）を用いて，糖からアセトン，ブタノールを培養液中に生産させる発酵である．若干

のエタノールを生成することから，ABE (acetone-butsnol-ethanol) 発酵ともよばれる．ABE 発酵の歴史は古く，第二次大戦時には戦闘機用高オクタン価燃料としてブタノール需要が生じ，工業化された．戦後の石油化学の発展とともに廃れたが，近年バイオ燃料として種々の農産物廃棄物や食品廃棄物を原料として利用できるブタノールが見直されつつある．

ブタノールは，水分を含みにくい，体積あたりの発熱量が高いといったエタノールより優れた特性をもち，ガソリンと直接混合可能であることから，エタノールに代わってより高い混合比率のバイオガソリンとして適用が広まりつつある．

反応経路は非常に複雑であるが，化学量論式は下記で表される．

$$95C_6H_{12}O_6 \rightarrow 60C_4H_9OH + 30CH_3COCH_3 + 10C_2H_5OH \\ +220CO_2 + 120H_2 + 30H_2O$$

培養液は，蒸留器に移して各成分に分留される．

4.6 バイオマス発電技術

バイオマス発電技術は，直接燃焼による発電とガス化による発電に大別される．前者は，バイオマス資源から化学的変化を経ずに調整された固体燃料をボイラに投入し，蒸気タービン発電機を用いて発電するものである．後者は，熱化学的あるいは生物化学的変換により得られたバイオガスを，熱機関あるいは燃料電池に供給し発電するものである．

4.6.1 直接燃焼による発電（固体燃料の直接燃焼による発電）

原料となるバイオマスをボイラで燃焼して得られる蒸気で蒸気タービン発電機を駆動し，電力を得る．バイオマスと石炭を同時にボイラに供給し燃焼させるバイオマス混焼方式と，バイオマスを専用のボイラで燃焼させるバイオマス専焼方式がある．

(1) バイオマス混焼方式

微粉炭焚ボイラを用いる石炭火力発電所に適用される方式であり，国内全電力会社で実施あるいは計画されている．NEDO では混焼率 25% を目指した研究開発が実施されている．図 4.13 は，既設火力発電所に木質バイオマス混焼を適用した場合の概略系統図で，①混合粉砕方式と②専用粉砕方式を併記して図示している．

混合粉砕方式は，破砕・乾燥したバイオマスを，石炭と一緒に微粉炭機に入れて混合粉砕しボイラに供給する方式である．改造範囲が少なく既設設備をそのまま利用できる利点があるが，バイオマスの粉砕性に課題があり，混焼率は 1〜3% 程度である．

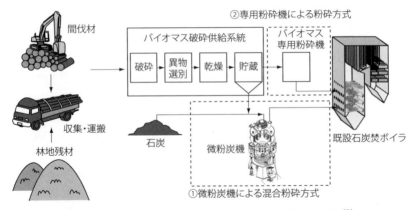

図 4.13 既設石炭火力の木質バイオマス混焼システム概略系統図[1]

専用粉砕方式は，微粉炭機とは別に，バイオマス専用の粉砕機およびノズルを追設する方式である．混焼率を高くできるが，改造工事が多くコスト面の課題がある．

(2) バイオマス専焼方式

木質バイオマスのみでなく含水率の高いバイオマスも適用できるが，燃焼で得られるエネルギーよりも大きな乾燥用エネルギーが必要になることがあり，有効ではない．

4.6.2 ガス化発電

(1) 熱分解ガス化発電

図 4.14 に，熱分解ガス化によるコージェネレーション（熱電併給）システムの構成を示す．ガス化システムは発電システムの直前に設置される．図は，4 型式の発電システム（蒸気タービン発電機，ガスエンジン発電機，ガスタービン発電機および燃料

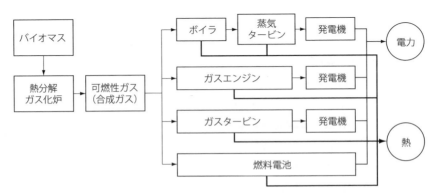

図 4.14 バイオマスのガス化によるコージェネレーションシステム[1]

電池)を併記して示している.

前処理したバイオマスをガス化剤(空気,酸素,蒸気)とともにガス化炉に投入する.得られた燃料ガスは,電力と熱を併給するコージェネレーションシステムに供給される.原料としては木質系,草木系,紙ごみなど乾燥したバイオマスが適している.わが国ではバイオマス資源量の制約から比較的小規模な設備が多いため,ガスエンジンがよく用いられている.

(2) メタン発酵発電

図 4.15 に,ガスエンジン発電機を適用したコージェネレーションシステムを示す.メタン発酵システムと発電システムは併設される.食品廃棄物,家畜ふん尿,下水汚泥等のバイオマス原料は,分別・破砕あるいは濃縮・含水率調整等の前処理工程を経てメタン発酵槽に供給される.メタン発酵槽内で,各種細菌による加水分解・酸化・酢酸生成過程を経て,バイオマス原料は,最終的にメタン菌によりバイオガスと消化液,発酵残渣に変化する.バイオガスには約 60%のメタン,約 35%の二酸化炭素および硫化水素その他不純物が含まれており,脱硫等の精製工程で処理後ガスホルダーに貯蔵される.

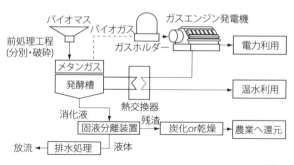

図 4.15 メタン発酵によるコージェネレーションシステム[1]

ガスエンジンの排気,冷却水等からの排熱は温水として取り出され,メタン発酵槽の加熱そのほかの加熱用に使用される.消化液および発酵残渣は,原料に含まれていた窒素やリンがそのまま残っており,良好な肥料として再資源化される.

4.7 バイオマス輸送燃料変換技術

バイオマス資源を,車両,航空機,船舶などの輸送機関用化石燃料の代替燃料に変換する技術についてまとめる.表 4.4 に,三つの重要な輸送機関に対する実用あるいは研究開発中の主な**代替バイオ燃料**を示す.

表 4.4 輸送機関燃料代替バイオ燃料

分類	バイオ燃料
ガソリン代替 オットー機関用燃料	エタノール(第一世代バイオエタノール)
	エタノール(第二世代バイオエタノール)
	エチルターシャリーブチルエーテル(ETBE)
	2,5 ジメチルフラン(DMF)
	ブタノール
軽油代替 ディーゼル機関用燃料	脂肪酸メチルエステル(FAME):第一世代バイオディーゼル
	水素化処理ディーゼル油(BHD):第二世代バイオディーゼル
	ガス化 FT 合成油(BTL):第三世代バイオディーゼル
ジェット燃料代替 ガスタービン用燃料	FT 合成パラフィンケロシン(FT-SPK)
	バイオ合成パラフィンケロシン(Bio-SPK)

4.7.1 ガソリン代替オットー機関用燃料

表 4.5 に，**代替オットー機関用燃料**の性状をガソリンと比較して示す．現在実用化されているバイオ燃料は第一世代エタノールおよび ETBE であるが，これらには課

表 4.5 ガソリン代替オットー機関用燃料

燃料種類	ガソリン[*1]	エタノール	MTBE	ETBE	DMF	ブタノール[*2]
組成	C4〜C12	C_2H_5OH	$CH_3OC(CH_3)_3$	$C_2H_5OC(CH_3)_3$	C_6H_5O	C_4H_9OH
分子量	100〜105	46	88	102	96	74
酸素濃度 [wt%]	0	34.7	18.2	15.7	16.7	21.6
密度 [kg/L]	0.72〜0.78	0.79	0.74	0.74	0.90	0.81
沸点 [°C]	30〜220	78	55	72	92〜94	n:118 i:108
リード蒸気圧 [kPa]	44〜78	16	54	72		n:2 i:3
水との相溶性 [wt%]	ほぼなし	水と混和	4.8	1.2	4.2	n:可溶 i:16
真発熱量[*3] [MJ/kg]	44	26.8	35.2	35.2		34
オクタン価	R:90 P:100	111	117	115〜118	ND	n:94 i:109

*1 R:レギュラーガソリン，P:プレミアムガソリン
*2 n:ノルマルブタノール，i:イソブタノール
*3 水分の蒸発熱を差し引いた正味の発熱量

題があり，その解決を目指す第二世代エタノールやブタノールの研究開発が進められている．

メチルターシャリーブチルエーテル（MTBE）がオクタン価および性能向上の効果があるとして使用が始まったが，米国で地下タンクからの漏洩による発がん性物質の地下水汚染問題が発生し使用禁止になったことから，日本国内でも使われなくなった．

現在，代替燃料の主流であるエタノールには，オクタン価が高くアンチノック性が優れる，排気が清浄であるというメリットがある．しかし，水との親和性がよく混合燃料として貯蔵した場合に水分の混入を招いて相分離を起こす，アルミニウム等の金属，ゴムおよびプラスチックに対して腐食性がある，ガソリンに比べて発熱量が小さい，気化潜熱が大きい等のデメリットがある．このため，自動車用燃料として使用する場合，エンジン自体や燃料供給系統等の設計変更や調整が必要となるのに加えて，エタノールの混合や貯蔵を含む燃料流通システムの改造が必要になる．

各国の環境と政策により，さまざまなエタノール混合比率に適合した仕様の自動車（FFV：flexible-fuel vehicle）の普及と燃料供給体制の整備が行われ，対応した混合燃料の使用基準が決められている．純粋なガソリンを燃料として想定している内燃機関で使用しても支障が生じない限界として，ブラジルではE25（エタノール混合割合体積25％），米国ではE10が設定されている．さらに，ブラジルではE85，E100に適合するFFVも広く普及している．このような世界の状況に対して，わが国では揮発油等の品質の確保等に関する法律で，E3という低混合率しか認められていない．

これらエタノール適用における諸問題を解決する代替燃料としてETBEが開発された．EUでは1985年に使用が認められ，1994年にフランスで使用開始されたのを皮切りにETBEの使用が普及している．わが国では2007年からガソリンにETBEを混合したバイオガソリンの試験販売が始まり，代替燃料の主役となっているが，国としての推進方針が定まっておらず，普及拡大にはまだ遠い段階にある．

第一世代エタノールにおける諸問題の解決を目指すバイオ燃料に関する，多方面からの研究開発が世界中で進められている．第二世代エタノールは，大規模生産の可能性があり期待されるが，水と混和するというエタノール本来の問題は残る．

DMFおよびブタノールは，水と混ざらず，沸点および真発熱量がエタノールより高く，ガソリンとの混合用として優れており，今後の研究開発が期待される．

4.7.2　軽油代替ディーゼル機関用燃料

表4.6に，代替ディーゼル機関用燃料（**バイオディーゼル燃料**）の性状をディーゼル油と比較して示す．

現在実用化されている第一世代バイオディーゼル燃料FAMEは，酸化安定性や低

表 4.6 軽油代替ディーゼル機関用燃料

燃料種類	ディーゼル油（軽油）	直接混合油 SVO	脂肪酸メチルエステル FAME	水素化バイオ軽油 BHD	ガス化 FT 合成油 BTL
組成	C15〜C17	軽油 + RCOOH	RCOOCH$_3$	n パラフィン	n パラフィン
揮発性	○	×	○	○	○
粘度	○	×	○	○	○
低温流動性	○	×	△	△	△
酸化安定性	○	×	△	○	○
燃焼性能	○	×	△	○	○
CO$_2$ 発生量	○	○	○	○	○
コスト	○	○	△	△	△
資源	石油	植物油・廃食用油	植物油	植物油	セルロース系資源

温流動性に問題があり，バイオディーゼル燃料を軽油代替燃料として使用する場合，国ごとに混合比率や品質基準が定められている．わが国では自動車用軽油への混合率は 5% に制限されており，B5（混合率 5% バイオディーゼル）に対する品質規格が定められている．また，植物油を原料とするため食糧との競合が避けられず，廃食物油を使う場合も含め，代替燃料とするには量的な問題がある．

以上の FAME の問題を解決する第二世代のバイオディーゼルとして，植物油を水素化処理して炭化水素に変換して得られる BHD が注目されている．しかし，成分は n パラフィンを主とする炭化水素であり，軽油との混合率に制限はないが，食糧との競合は避けられない．

さらに，第三世代のバイオディーゼルとして，木質系バイオマスを原料として得られる合成ガスを，FT 合成により炭化水素化して得られる BTL の研究開発が進められている．BHD と同様に，成分は n パラフィンを主とする炭化水素であり，軽油との混合率に制限がない．食糧と競合せず，資源量も豊富であり実用化が期待される．

4.7.3 ジェット燃料代替ガスタービン用燃料

全世界で排出される温室効果ガスの 2% が航空分野から排出されており，国連のIPCC（International Panel on Climate Change：気候変動に関する政府間パネル）は，航空機の CO$_2$ 排出量が 2050 年には 2005 年基準で 2〜5 倍に達すると予測している．ICAO（International Civil Aviation Organization：国際民間航空機関）は，これを軽減するために燃料消費の低減と燃料の変更を打ち出した．IATA（International Air Transport Association：国際航空運送協会）は，ICAO の取組みに呼応して 2020

年を目標とする行動計画を策定した．目標達成のためにはバイオジェット燃料の開発，実用化が不可欠となっている．

代替バイオジェット燃料の開発は，2004～2008 年のジェット燃料の高騰を契機として促進され，2008 年に**バイオ SPK 混合燃料**を使用した試験飛行が実施されて以来，世界各国で供給体制が整備されつつある．国内でも 2009 年から航空各社で試験飛行が実施されており，実用段階に向けたロードマップが関係省庁，航空業界，石油業界間で検討されている．

航空機用ジェット燃料の性状は，民間規格（ASTM D1655 およびそれに準拠した JIS K 2209），軍用規格（MIL-5624）により規定されている．バイオ燃料の開発においては，厳しい要求を満たす燃料をいかに低コストで作り出すかが課題となっている．

航空機用代替燃料は，現在の機体，エンジン，取り扱い施設などがそのまま使用可能なドロップイン型と，使用設備の更新を要する非ドロップイン型に区別される．前述の SPK はドロップイン型ジェット燃料であり，実用化段階に入りつつある．

4.8 今後の課題

2002 年閣議決定された総合戦略およびこれに基づくバイオマスの利活用に関する政策の効果について，2011 年に総務省が評価を実施した．これによると構想の実施は低いレベルに留まっており，効果はさらに低いと結論されたため，関係 6 省に対して課題を提示するとともに，達成度，目標の設定から始めて諸事業に対する改善勧告がなされた．化石燃料に代えて利活用を広げていくためには，国策として強力に推進していくことが基本であるが，そのためには互いに関連する多くの技術的，社会的課題を解決していかなければならない．

- 育成・収穫・収集から貯蔵に至る安価で大量のバイオマス資源を持続して確保する体系の構築
- 多岐にわたり実施されている研究・開発から，真に効率が優れた変換技術・システムの選定
- 副生成物活用も含めた総合的な利用技術・システムの確立
- バイオマスタウンに代表される理想的な地域社会の計画と実現性評価

第5章 水力エネルギー

この章の目的

　地球上の水は，主に太陽光とそれに起因する熱によって，液体（または固体）と気体の間で相を変えながら循環している．すなわち海や川，湖の水は太陽熱により蒸発し，雨や雪として湖や川に貯えられる．高い位置にある水のもつ位置エネルギー，川を流れる水のもつ運動エネルギーを動力として利用するのが水力(hydropower, waterpower)で，古くから水力を利用する水車(hydraulic turbine, water turbine)として利用されてきた．水車は1基あたり500 MWを超す大型機から数 kW のマイクロ水力発電まで広く導入されているが，30 MW以下の中小水力が再生可能エネルギーの固定価格買取制度(FIT)の対象として普及が期待されており，本章ではこの中小水力を主として説明する．

5.1　水力発電の概要

5.1.1　水力発電の概要

　水力発電は，高所から流れ落ちる河川等の水を利用して落差を作り，水車を回し発電するものである．利用面から流れ込み式（水路式），調整池式，貯水池式，揚水式に分けられる．揚水式以外をとくに一般水力とよんでいる．揚水式は，夜間等に原子力，石炭火力などの余剰電力を用いて下池の水を上池に揚げ，必要時に放流して発電するもので，ほかとは区別されている．

　水の力を動力として利用することは，古代より行われてきたもので，連続した流水の力を水車によって取り出し，得た動力で製粉・紡績などを行っていた．1832年にフランスのヒポライト・ピクシーにより，現在のしくみの発電機が発明された．世界で最初の水力発電は，1878年にイギリスのウィリアム・アームストロングが発電量4 kWの水力発電所を自身の邸宅の照明用に設置したものとされている．

　日本の最初の水力発電は，1888年に宮城紡績会社が設置した三居沢発電所(5 kW)での自家用発電である．1891年に琵琶湖疏水の落差を利用した蹴上水力発電所（水路

式，直流，160 kW）が，最初の電気事業の水力発電所として運用を開始した．大正から昭和初期にかけて大規模な水力発電所が多く作られ，1950 年代までは電力の大半が水力発電によるものであった．1955 年には水力は全電力の 78.7%であったが，1962 年には水力 46.1%と火力が逆転した．水力発電はほかの発電形式と比較すると，石油依存度の軽減，エネルギー安全保障，地球温暖化防止への貢献，発電コストの長期的安定などのメリットが多くあることから，環境にやさしい自然エネルギーとして，今後水力発電の積極的な開発が望まれている．

5.1.2　水力発電の現状

　世界の水力発電の発電量，およびわが国の設備容量の推移を，図 5.1 に示す．世界の水力発電設備は 2011 年時点でおよそ 10 億 2666 万 kW であり，世界の総発電設備の約 2 割を占めている．水力による発電設備が多い国は，中国，米国，ブラジル，カナダ，日本等である．先進国において大規模ダム開発は頭打ちとなっている一方で，

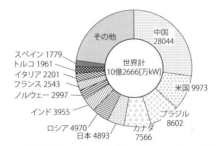

(注)単位：[万kW]．世界計は2011年，インド，ノルウェー，トルコは2012年の値．
(a) 水力発電導入量の国際比較

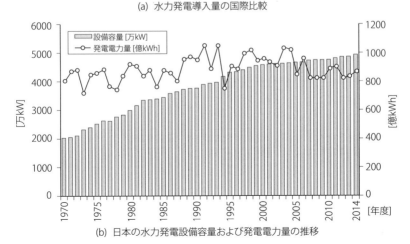

(b) 日本の水力発電設備容量および発電電力量の推移

図 5.1　水力発電設備容量および発電電力量の推移[1]

中国では水力発電の設備容量は年々拡大してきた．

わが国がもつ水資源のうち，技術的・経済的に利用可能な水力エネルギー量(包蔵水力)を図5.2に示す．2016年度末時点で，わが国の水力発電所は，既存発電所数(開発済)が計1980地点，新規建設中のものが50地点ある．また未開発地点は2718地点(既開発工事中の約1.3倍)であり，その出力の合計は約1843万kW(既開発・工事中の約6%)である(資源エネルギー庁のデータベース「日本の水力エネルギー量」[2])．

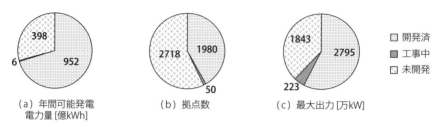

図5.2 日本の包蔵水力量

しかし，未開発の水力の平均発電能力(包蔵水力)は6780 kWであり，既開発や工事中の平均出力よりもかなり小さなものとなっている．開発地点の小規模化が進んだことに加えて，開発地点の奥地化も進んでいることによる．今後は，渓流水，農業用水等を活用した中小水力発電が注目される．これらの中小水力は，地域におけるエネルギーの地産地消の取り組みを推進していくことにもつながる．

1995年，農林水産省構造改善局(当時)は農業，農村整備事業の一事業として小水力の導入を推進することを掲げ，構造改善局建設部設計課は多くの小水力に関する技術的内容を盛り込んだ「農業用水利施設小水力発電設備計画設計技術マニュアル」(以下，農業用小水力計画と略す)を作成した．農林水産省農村振興局では，農業水利施設の未利用エネルギーの活用を図る小水力発電は，持続可能なエネルギー供給に寄与するとともに農業水利施設の適切な維持管理を図るうえで重要であるとして，2012年から「農業水利施設を活用した小水力発電等の導入に向けた計画作成を2016(平成28)年度までに約1000地域で着手する」ことに取り組んでいる．

5.2 水力発電所の種類

5.2.1 水の利用面からみた分類

水力発電を水の利用面からみると，**流れ込み式**，**調整池式**，**貯水池式**，**揚水式**に分類される．水の利用面からみた分類の概略図を図5.3に示す．

5.2 水力発電所の種類

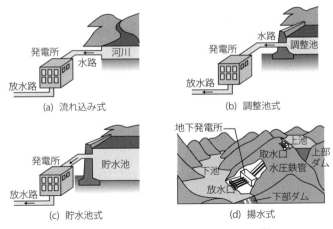

図 5.3 水の利用面から見た水力発電の分類[3]

流れ込み式 川の水を貯めずに、そのまま利用する方法で、自流式ともいう。川の水は豊水期と渇水期で水量が変化し、発電量が変動する。

調整池式 大きな取水ダムや、水路の途中に調整池を作ることにより水量を調整して発電する方式で、数日間または1日の発電量をコントロールできる。

貯水池式 調整池より大きい貯水池に雪解け水や梅雨、台風などの水などを貯めて、渇水時に利用する。

揚水式 1日の電力消費量のピーク時に対応する発電方式で、主として地下に作られる発電所とその上部、下部に位置設けられた二つの池から構成される。昼間のピーク時には上のダムに貯められた水を下のダムに落として発電を行い、下のダムに貯まった水は電力消費の少ない夜間にほかの発電所からの電力を使って上のダムにくみ揚げられ、再び昼間の発電に備える。一定量の水を繰り返し使用する発電方式である。

5.2.2 構造面からの分類

落差を得るための構造面に着目した分類として、**ダム式**、**水路式**、**ダム水路式**の3種類の方式がある。

ダム式 山間部で、川幅が狭く、両岸が高く切り立ったところにダムを設け、水をせき止めて人造湖を造り、その落差を利用して発電する。

水路式 川の上流に小さな堤を作って水を取り入れ(取水口)、長い水路で適当な落差が得られるところまで水を導き、そこから下流に落ちる力で発電する。

ダム水路式 ダム式と水路式を組み合わせたもので、ダムに貯えた水を電力の消費量が比較的少ない春や秋に大きな落差を得られる地点まで水路で導いて発電する方式

である．貯水池式，調整池式および揚水式と組み合わせることが一般的である．

5.2.3 中小水力用利用水源の種類

大規模水力は雨水を貯水したり，河川水をせき止め貯水して間欠的に水を発電に利用する場合が多い．3万kW以下の規模の水力発電は固定価格買取制度の対象となり，これを中小水力発電という．中小規模水力発電では利用する水の種類として，渓流水，農業用水，上下水道，工場内水などが考えられている．

渓流水　河川水を中小水力発電に利用する場合は，河川の上流の渓流が対象となる．渓流を流れる水の一部を導水し，流れに落差をつけ，流れ込み式の発電を行う利用法や，渓流に直接発電装置を設置して発電する方法が考えられる．

農業用水　農業用水路では水田への水の流入を緩やかに調整するため，水路に階段状の段差(堰，落差工という)が設けられている．比較的豊富で安定した流量がある農業用水であれば，落差工の部分に発電装置を設置して発電することができる．用水路で一定の流量があれば，流れ込み式の発電も可能である．

上下水道　上水道では原水取水箇所から浄水場まで，または浄水場から配水場までの間で落差が得られる．送水管路の末端部には水流の圧力を減圧するための減圧弁が取り付けられており，この減圧弁の圧力差を，水車の有効落差として利用することが可能である．

工場用水，その他　工場では，下水道と同様，排水を最終的に河川へ放水する際の落差を利用した発電のほか，工場内での水循環過程で生じる落差を利用した発電の事例がある．また，道路・鉄道用のトンネルからの湧水を発電利用した事例の報告もなされている．

5.3　水力エネルギー

5.3.1　水車の有効落差・全揚程

水を媒介として水のもつエネルギーを機械の軸動力に変換する機械が，水力機械(hydraulic machine)である．水力機械で取り扱う流体は非圧縮性であり，圧縮にともなう熱の出入りや温度変化を無視できる．変換される力学的エネルギーは，水の密度ρを一定として，単位質量あたりについては比エネルギー(specific energy) E [J/kg]，単位重量あたりのヘッド(head) H [J/N](または[m])は次の式(5.1)，(5.2)で与えられる．

$$E = \frac{1}{2}v^2 + gz + \frac{p}{\rho} \tag{5.1}$$

$$H = \frac{v^2}{2g} + z + \frac{p}{\rho g} \tag{5.2}$$

ここで，p：静圧[Pa]，v：平均流速[m/s]，z：基準面からの高さ[m]，ρ：密度[kg/m^3]，g：重力加速度[m/s^2]である．

水力エネルギーの基準量としては，単位質量あたりの力学的エネルギー，すなわちヘッド H が理解しやすく，それによる表示が多い．なお，比エネルギーへの換算には重力の加速度を掛けるだけでよい．

水車の駆動に利用される水の全ヘッドを，**有効落差**(effective head)という．水車入口と出口の全ヘッド差であり，水力発電所における水車運転時の落差は次のように表される．例として流れ込み式水力発電所において，反動水車の場合の有効落差は次のように表される(図 5.4)．

$$H = H_g - H_1 - H_2 - \frac{v_2^2}{2g} - h \tag{5.3}$$

ここで，H：有効落差[m]，H_g：総落差[m]，H_1：取水口と水槽との間の損失落差[m]，H_2：水槽と水車入口の間の損失落差[m]，h：水車中心と放水口水位との高低差[m]，v_2：吸出し管出口における流速[m/s]，$v_2^2/2g$：吸出し管出口における損失落差[m]，である．

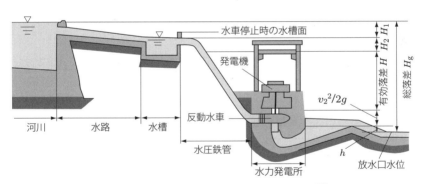

図 5.4 流れ込み式水力発電所の総落差と有効落差[4]

5.3.2 水力発電所の出力

有効落差 H [m]をもつ液体が流量 Q [m^3/s]で流れているとき，密度 ρ [kg/m^3]の液体とともに単位時間あたりに通過するエネルギー(仕事率(動力))は次式で与えられる．

$$P_{\mathrm{h}} = \rho g \times QH \times 10^{-3} \quad [\mathrm{kW}] \tag{5.4}$$

水車では水のもつ仕事率 P_{h} は水車入力となる．水車効率 η_{t}，発電機効率を η_{g} とすると発電所出力発電機出力 P_{g} は

$$P_{\mathrm{g}} = P_{\mathrm{h}} \times \eta_{\mathrm{t}} \eta_{\mathrm{g}} \quad [\mathrm{kW}] \tag{5.5}$$

となる．水車効率は水車の形式と容量によって異なるが，一般に，η_{t} は 0.8（中小型水車）～0.95（大容量水車）である．発電機効率 η_{g} は発電機の極数によって異なるが，一般に，6～18 極の中小水力用発電機で 0.88～0.92，大容量発電機では～0.95 である．

5.3.3 揚水発電所の出力と発電量

わが国では，とくに夏の昼間には空調などの電力需要が多く，夜間は逆に電力消費が少ない．一方，原子力発電所・大容量火力発電所では，昼間・夜間の電力需要に応じた出力調整が困難で，夜間に余剰電力が生じる．**揚水発電**(pumped-storage hydroelectricity)は，発電所の上部と下部に大きな池（調整池）を作り，昼間の電力需要の多いときは上の調整池から下の調整池に水を落として発電し，発電に使った水は下部の調整池に貯めておく．夜間などの余剰電力を使用して下部貯水池（下池）から上部貯水池（上池ダム）へ水を汲み上げ，電力需要が大きくなる時間帯に上池ダムから下池へ水を導き落とすことで発電する水力発電方式である．

電気は蓄えることが難しいエネルギーであるが，昼は水の位置エネルギーを使って電気を起こし，夜は電気を使って水の位置エネルギーを蓄えるということが，広い意味の「蓄電設備」と考えられる．

揚水式発電所は，図 5.5 に示すように河川の上流側にダムを設け，上部貯水池として大量の水を貯水し，ダムの直近の地下に発電所を設け，その下流側に下部貯水池としてダムを設ける．なお，発電所の水車と発電機をそれぞれポンプと電動機に切り替えられる機能をもつポンプ水車を使用する．

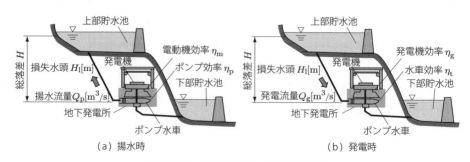

図 5.5 揚水式発電所の出力計算時の諸元

揚水式発電所の入出力，電力量，効率は以下のようになる．

揚水入力　ポンプ水車をポンプとして使用するときのポンプ入力は，次式のようになる．

$$P_\mathrm{p} = \frac{\rho g Q_\mathrm{p}(H_\mathrm{g} + H_\mathrm{l})}{\eta_\mathrm{p} \eta_\mathrm{m}} \times 10^{-3} \; [\mathrm{kW}] \tag{5.6}$$

ここで，Q_p：揚水量$[\mathrm{m}^3/\mathrm{s}]$，$\eta_\mathrm{p}$：ポンプ効率，$\eta_\mathrm{m}$：電動機効率，$H_\mathrm{g}\,[\mathrm{m}]$：上下貯水池間の高低差$[\mathrm{m}]$，$H_\mathrm{l}\,[\mathrm{m}]$：損失落差，$H_\mathrm{g} + H_\mathrm{l}$：全揚程$[\mathrm{m}]$である．

発電機出力　Q_g：発電使用水量$[\mathrm{m}^3/\mathrm{s}]$，$\eta_\mathrm{t}$：水車効率，$\eta_\mathrm{g}$：発電機効率を用いて，次式のようになる．

$$P_\mathrm{g} = \rho g Q_\mathrm{g}(H_\mathrm{g} - H_\mathrm{l})\eta_\mathrm{t} \eta_\mathrm{g} \times 10^{-3} \; [\mathrm{kW}] \tag{5.7}$$

所要貯水量　下部貯水池から$V\,[\mathrm{m}^3]$の水量を上部貯水池に揚水し，同じ容量の水量$[\mathrm{m}^3]$で発電すると

$$V = Q_\mathrm{p} \times 3600 T_\mathrm{p} = Q_\mathrm{g} \times 3600 T_\mathrm{g} \; [\mathrm{m}^3] \tag{5.8}$$

ここで，T_p：揚水所要時間$[\mathrm{h}]$，T_g：発電運転時間$[\mathrm{h}]$である．すなわち総合効率ηは，式(5.6)〜(5.8)から次のようになる．揚水・発電時の水の速度・流量Q_p，Q_gには依存しない．

$$\begin{aligned}
\eta &= \frac{P_\mathrm{g} T_\mathrm{g}}{P_\mathrm{p} T_\mathrm{p}} = \frac{\rho g Q_\mathrm{g}(H_\mathrm{g} - H_\mathrm{l}) \times \eta_\mathrm{t} \eta_\mathrm{g} \times 10^{-3}}{\{\rho g Q_\mathrm{p}(H_\mathrm{g} + H_\mathrm{l})/\eta_\mathrm{p}\eta_\mathrm{m}\} \times 10^{-3}} \times \frac{Q_\mathrm{p}}{Q_\mathrm{g}} \\
&= \frac{H_\mathrm{g} - H_\mathrm{l}}{H_\mathrm{g} + H_\mathrm{l}} \times \eta_\mathrm{p} \eta_\mathrm{m} \eta_\mathrm{t} \eta_\mathrm{g}
\end{aligned} \tag{5.9}$$

揚水電力量，発電電力量　揚水電力量，発電電力量は次式のようになる．

$$\text{揚水電力量} \quad W_\mathrm{p} = P_\mathrm{p} T_\mathrm{p} \; [\mathrm{kWh}] \tag{5.10}$$

$$\text{発電電力量} \quad W_\mathrm{g} = P_\mathrm{g} T_\mathrm{g} \; [\mathrm{kWh}] \tag{5.11}$$

5.3.4 水車の損失の種類と効率

(1) 水車の損失と効率

水車内では流体入力P_0に対するηP_0が有効仕事となり，$(1-\eta)$が損失エネルギーとなる．ηは水車の総合効率である．図5.6に水車内でのエネルギー変換と発生する損失を示す．水車内での損失は機械損失P_m，漏れ損失P_v，および流体損失P_hに分類される．

機械損失P_mと機械効率η_m　機械効率をη_mとすると，機械損失P_mは$(1-\eta_\mathrm{m})P_0$となる．機械損失は軸受，軸のパッキン部，円板などに発生する摩擦損失である．

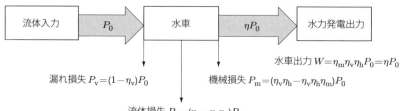

図 5.6 水車のエネルギーの変換と損失の分類

漏れ損失 P_v と体積効率 η_v 　水車においては，水流が外周高圧部から内周低圧部に向かう場合，羽根車の隙間において漏れが発生する．漏れによる動力損失を漏れ損失 P_v という．体積効率 η_v は $\eta_v = (P_0 - P_v)/P_0$ となる．

流体損失 P_h と流体効率 η_h 　水車内での水流のもつエネルギーのうち，水車の動力伝達部である羽根車，およびその上流，下流部分の通路において摩擦，二次流れ，はく離などを引き起こし，動力損失を発生する．この動力損失を流体損失 P_h といい，動力に有効に変換される割合を流体効率 η_h という．

(2) 全効率

水車の吐出口から吐出される流体から，$\eta_m \eta_h \eta_v P_0$ の動力が伝達される．全体としてのエネルギー変換効率は次式のようになる．

$$\eta = \eta_m \eta_v \eta_h \tag{5.12}$$

流体機械の損失は，流体が機械の中を通り抜けながらエネルギー交換を行う過程で，機械の内部摩擦として散逸して発生する．

5.3.5 水車の性能

(1) 水車の性能，実物試験

現地での実物試験(prototype test)による性能の一例を図 5.7 に示す．

(2) 水車のキャビテーション

水車では水流によって，ランナのある部分の圧力が低下する．その部分の水が常温において飽和蒸気圧に達すると，沸騰して水蒸気の気泡を形成し，続いてこの気泡が崩壊する現象を，**キャビテーション**(cavitation)という．一般にキャビテーションの発生場所から後流で，発生気泡がランナの表面で崩壊すると，その部分で壊食が生じる．

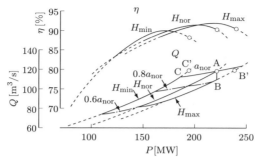

図 5.7 実物性能表示の例[4]

(3) 無拘束速度

水力発電所で運転中の発電機の負荷がなくなれば，遮断器の開により無送電となる．水車のガイドベーン開度またはニードル開度に相当した流量によって，発電機は過速度の状態になる．水車が，ある落差のもとで，ある開度およびある吸出し高さにおいて無負荷で回転する速度を**無拘束速度**(run away speed) という．これらのうち，起こりうる最大のものを最大無拘束速度という．

水車の機種による無拘束速度 n_n と定格速度 n_o の比 (n_n/n_o) は，次のように定められている．

- ペルトン水車　　　　1.5～1.8
- フランシス水車　　　1.6～2.2
- クロスフロー水車　　2.0
- S 形チューブラー水車　2.5～3.0

5.4 水車の種類と構造および性能

本項では水車に関して，各水車の特徴，比速度の範囲，性能，効率，キャビテーションなどの特性，構造，水車の選定法，回転速度の決定法等について述べる．

5.4.1 水車概要

(1) 水車の種類

図 5.8 に水車の分類を示す．水車の種類は大別すると，**衝動水車**と**反動水車**に分けられる．

衝動水車は，圧力ヘッドを速度ヘッドに変えた高圧流水をノズルで加速させ，ランナに作用させ，その衝動力でランナを回転させる構造の水車である．

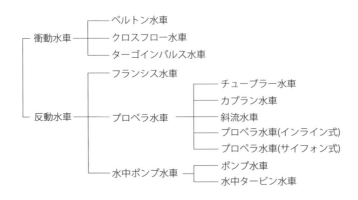

図 5.8　水車の分類

　反動水車とは，高所にある水の位置エネルギーを速度と圧力のエネルギーに変換し，水車のガイドベーンで加速させた流水を羽根車に作用させ，羽根車内での圧力降下の際に生じる反動力によって羽根車を回転させる水車である．

　図 5.9 に，流量 Q [m³/s] と有効落差 H [m] をベースとした水車の選定図を示す．**ペルトン水車**（Pelton turbine）は高落差で小・中・大流量に，**プロペラ水車**（propeller turbine）は低落差・中流量に，**チューブラー水車**（tubular turbine）は低落差・大流量に，**フランシス水車**（Francis turbine）は高ないし中落差で中・大流量に，**斜流水車**（diagonal flow turbine）はフランシス水車とプロペラ水車の中間の落差・流量に，それぞれ適用されている．**ターゴインパルス水車**（turgo impulse turbine）はペルトン水車よりも低い落差に適用でき，フランシス水車とペルトン水車の中間領域の水車である（ノズルからのジェット主流をランナの斜めから入射させる構造となっている衝動水車で，流量調節できる機構を備えている）．**クロスフロー水車**（cross flow turbine）は，フランシス水車よりも中・小落差で中流量に適用できる衝動水車で，流量調整できる機構（ガイドベーン）を備えた中小水力用水車である．

(2) 水車の形式と比速度

　ポンプや発電用水車などのターボ機械を相似形で拡大縮小したとき，単位揚程，単位流量を発生するために必要な回転速度を**比速度**という．幾何学的に相似な二つの水力機械を，相似な運転状態で運転すると，相似則が成り立つ．同一の機械で同じ流体を扱う場合は，回転速度 n の変化が ±20% 程度以内なら流量 Q は n に，全揚程 H は n^2 に，軸動力 P は n^3 に比例する．

　水車比速度（specific speed of hydraulic turbine）n_{sP} は，出力 P [kW] を用いて次のように表される．

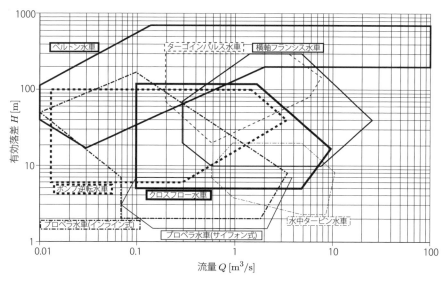

図 5.9　標準的な水車形式選定図[3]

$$n_{\mathrm{sP}} = \frac{n\sqrt{P}}{H^{5/4}} \tag{5.13}$$

ここで，水車比速度 n_{sP}：比速度 [m·kW，min^{-1} 基準][†]，n：回転速度 [min^{-1}]，H：落差 [m] である．すなわち，水車の比速度とは，水車を相似的に縮小し，1 m の落差において，1 kW の出力を発生する場合の，1 分間あたりの回転数（回転速度）のことをいう．ただし，水車の出力 P は，ノズル1個あたり，またはランナ1個あたりの出力で計算される．

比速度は水車の形式と密接に関係する特性量であり，水車の機種を決める要素となる．表 5.1 に各種水車の比速度範囲と特性を示す．

5.4.2　水車の有効落差と比速度限界

有効落差が与えられ，より大きな出力を得るためには，回転速度を高くすることである．すなわち，比速度を高くすると機械を小型化でき，性能・経済性から有利となる．しかし，同時に周速度の増加とともにランナ内部の流速を増加させることになるので，キャビテーションの抑制および振動・騒音が問題となる．すなわち，水車や発電機の強度面から，経験的に落差に対する高比速度化の限界が存在する．

図 5.10 に反動水車の比速度限界と従来の実績を示す．図中の限界曲線より左下側

---

† 比速度 n_{sP} は有次元数である．その単位は定義どおりに計算すると $\sqrt{10/6}\ \mathrm{kg}^{1/2}\mathrm{m}^{-1/4}\mathrm{s}^{-5/2}$ であるが，実用上は表記が省略されるので，単位系に注意が必要である．

表 5.1　各種水車の特性比較

水車の種類	流水方向		適用		効率の変化		定格回転速度に対する最大無拘束速度 [%]	比速度 [m·kW, min^{-1} 基準]	
	流入	流出	落差 [m]	水量	落差変化	水量変化		範囲	限界値
ペルトン水車	半径方向	垂直方向	250 以上	小	小	小	150〜200	8〜25	$n_{sP} \leqq \dfrac{2500}{H+800}$
フランシス水車	半径方向	軸方向	50〜700	中	大	大	160〜220	50〜350	$n_{sP} \leqq \dfrac{20000}{H+20}+30$
斜流水車	斜め方向	軸方向	40〜200	大	小	小	180〜230	100〜350	$n_{sP} \leqq \dfrac{20000}{H+20}+40$
プロペラ水車	軸方向	軸方向	5〜80	大	大	大	200〜250	250〜850	$n_{sP} \leqq \dfrac{20000}{H+20}+50$
カプラン水車					小	小			

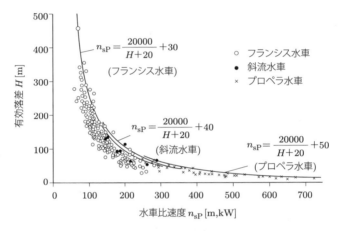

図 5.10　反動水車の比速度限界[4]

が，キャビテーション性能にとって安全領域である

5.4.3　ペルトン水車

概要　**ペルトン水車**は，中高落差に適用される水車で，水圧管によって導かれた高圧水流の衝動作用によりランナに水動力を伝える衝動水車である

作動原理　ペルトン水車の構造図を図 5.11 に示す．水圧管で導かれた高圧の水は速度エネルギーに変換され，高速のジェットとなってノズルから噴出する．この高圧ジェットはランナバケットに当たり，エネルギーをランナに伝達する．ランナは，速度エネルギーを回転力なる機械エネルギーとして回収し，主軸を通じて発電機に伝え電気エネルギーに変換される．

型式と構造　ペルトン水車は水車および発電機の据え付ける状態により，横軸型，立軸型に分類できる．軸を地面と水平に配置するものを横軸型，軸と地面を直角に配

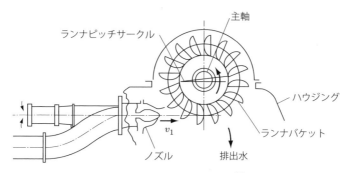

図 5.11 ペルトン水車の構造[4]

置するものを立軸型という．

ペルトン水車の構造は図に示したように，椀の形をしたバケット(bucket)が多数，取り付けられている．この円板とバケットが組み合わさった状態の物をランナ(runner)という．ペルトン水車は，流体が水車に及ぼす衝撃力によってランナを回転させているので，流体の衝撃力を高めるためにノズルは水圧管の出口に設けられる．

適用範囲　ペルトン水車は 50〜2000 m の高落差に適した水車である．国内では，10 万 kW 級のものでは関西電力黒部川第四発電所に立型 6 射ペルトン水車(9 万 5000 kW)が設置されている．中小水力用としては，農業用水利設備計画で有効落差約 65〜200 m，出力 100〜500 kW が実用化されている．

効率　図 5.12 に，6 射型ペルトン水車(6 ノズルをもつ立軸型ペルトン水車)の出力が変化した場合の効率の一例を示す．ノズル数を切り替えなくても効率の変化割合が少ない．

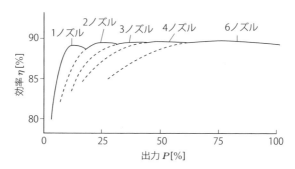

図 5.12 6 射型ペルトン水車の水車高効率運転時の効率[4]

5.4.4　フランシス水車

概要　**フランシス水車**は中落差発電所に適用される水車で，水のもつ動力を衝動および反動の両作用によりランナに伝える．ランナの形の変化により，衝動および反動

作用の占める割合を変えることができる．フランシス水車は広範囲の比速度に適用でき，従来からもっとも数多く適用されている．落差が約 50～700 m の範囲で使用でき，構造が簡単で経済的であるため，わが国の水車の約 80% がフランシス水車である．

作動原理　図 5.13 にフランシス水車の構造図を示す．水圧管を通って水車入口まで導かれた水は，①ケーシング→②ステーベーン→③ガイドベーン（加速される）→④ランナに直角方向に流入し，ランナ・ベーン間を充満して流水のもつエネルギーを動力として伝える→⑤吸出管→⑥放水路に排出される．ランナに伝えられた水動力は，ランナ出力として⑦主軸→⑧発電機と伝達され電力が得られる．

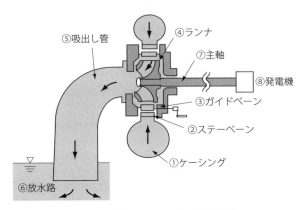

図 5.13　横軸フランシス水車の構造[5]

型式と構造　フランシス水車で広く使用されている形式のものは，①立軸単輪単流渦巻型，②横軸単輪単流渦巻型，③横軸 2 輪単流渦巻型の 3 種類である．横軸型は小容量に用いられ，立軸型は中容量以上に用いられている．渦巻ケーシングは鋼板または高張力鋼の溶接製である．大型機は輸送の関係で現地で組み立てられる．

適用範囲　戦後の復興期に建設された大型フランシス水車の例として，電源開発の御母衣発電所に導入された 12 万 8000 kW × 2 台の立型フランシス水車が挙げられる．中小水力用途について，農業用水利設備小水力計画でのフランシス水車は 15～200 m の有効落差に適用される．出力 150～500 kW の機種が実用化されている．

効率　比速度 n_{sP} により水車の効率は変化するが，ランナ形状で決定される．

一例として $n_{sP} = 209$ となるランナ形状の場合の流量と相対効率の関係を，図 5.14 に示す．$200 < n_{sP} < 300$ ではランナ内での水の相対流速が速くなるため，摩擦損失が大きくなり効率が低くなる．また，軽負荷での吸出し管損失が多く，効率の低下が大きくなる．この場合の相対効率は，流量 85% 程度で最大となる．

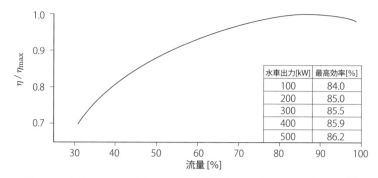

図 5.14 小型フランシス水車の n_{sP} と相対効率の関係（$n_{sP} = 209$）の場合[5]

5.4.5 斜流水車

概要　斜流水車は，水を水車軸に対し斜め方向より流入させる水車である．発電用水車として，羽根の角度を調整できる可動羽根斜流水車として用いられることが多く，これをデリア水車（Deriaz turbine）とよぶ．

構造　図 5.15 に，立軸可動羽根斜流水車の構造を示す．斜流水車は可動羽根型（ガイドベーンとともにランナ羽根車角度を変化できるもの），固定羽根型（ガイドベーンは可動であるが，ランナ羽根車角度を変化できないもの）がある．デリア水車では，ランナ羽根車の取付角度，ガイドベーンを可変することにより，落差変動，負荷変動に対して高い性能が得られる．

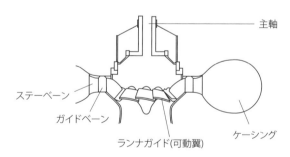

図 5.15　立軸可動羽根斜流水車の構造

適用範囲　斜流水車は，有効落差 40～200 m でフランシス水車とプロペラ水車の間で，比速度 180～230 m に適用される．設置例として，関西電力天ヶ瀬発電所に立軸デリア水車×2 台（認可最大出力：9 万 2000 kW，常時出力：6600 kW）がある．

5.4.6　プロペラ水車

概要　プロペラ水車は，フランシス水車を低落差に対応できるようにした水車である．カプラン水車（Kaplan turbine）は，プロペラ水車のうち，羽根の角度を調整でき

るものをいう．現在，世界中の至る所で，低落差・大流量の水力発電所に広く使用されている．

構造　図5.16に立軸可動羽根プロペラ水車の構造を示す．プロペラ水車も斜流水車と同様に，可動羽根型（ガイドベーンとともにランナ羽根車角度を変化できるもの）と固定羽根型（ガイドベーンは可動であるがランナ羽根車角度を変化できないもの）がある．ランナ羽根車の取付角度，ガイドベーンを可変することにより落差変動，負荷変動に対して高い性能が得られる．

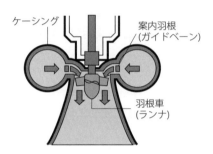

図 5.16　立軸可動羽根プロペラ水車の構造

適用範囲　プロペラ水車は，有効落差10～80 mの低落差で，250～850のより高い比速度に適用される．わが国の最初のカプラン水車は関西電力殿山発電所向けに立型カプラン水車（落差70 m，出力1万7000 kW）が導入された．中小水力用途については，農業用水利設備向けでプロペラ水車の変形として，チューブラー水車の名前で多くのプロペラ水車が導入されている．

5.4.7　クロスフロー水車

概要　**クロスフロー水車**は，2000 kW以下の中低落差・小容量に適用される水車である．クロスフロー水車は衝動水車と反動水車の特性を併せもち，流水が円筒形ランナに軸に直角に流入し，ランナを貫流して流出することより貫流水車ともいう．

作動原理・構造　図5.17にクロスフロー水車の水の流れを示す．入口管より流入した水は，ガイドベーンの上・下の通路を通り，ランナ外周よりランナベーンに作用して，ランナ内側に流入する主流と，ランナの内側に入らずベーンに作用した後，外側へ直接流出する二つの流れがある．ランナの内側に流入した水は，ランナベーンと主軸の空間を通って再びランナ内側よりベーンに作用して，ランナ外側へ流出する．

適用範囲　クロスフロー水車の適用できる落差の範囲は5～100 m，出力約100～500 kWである．

効率　図5.18に，クロスフロー水車の特性と相対効率曲線を示す．ガイドベーンを

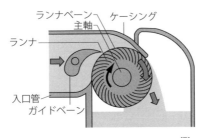

図 5.17　クロスフロー水車の水の流れ[5]

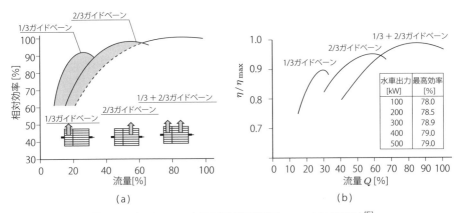

図 5.18　クロスフロー水車の相対効率曲線（$n_{sP} = 180$ の場合）[5]

1 : 2 に分割し，流量が多い場合は全体に水を流し，流量が 2/3 以下に減少すれば 1/3 のほうがガイドベーンを閉じて，残りのほうのガイドベーンだけで運転する．さらに流量が減少し 1/3 以下になれば，2/3 のガイドベーンを閉じて，1/3 のガイドベーンで運転する．

5.4.8　チューブラー水車（S 形チューブラー水車）

概要　**チューブラー水車**は，低落差地点で比較的流量の多い場合に適用される．水中において反動作用により水の動力をランナに伝える．S 形チューブラー水車，バルブ水車，ストレートフロー水車などの種類があるが，小水力発電として設置，保守が比較的容易な S 形チューブラー水車について述べる．

構造　図 5.19 にチューブラー水車の水の流れを示す．チューブラー水車は，低落差地点で比較的流量の多い場合に適用される．チューブラー水車は水管向けに設計されたカプラン水車の変形である．チューブラー水車の水の流れとしての特徴は，ガイドベーン，ランナベーンが連動して可動するため，流量変化，あるいは落差の変化に

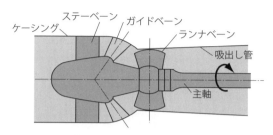

図 5.19 チューブラー水車の水の流れ[5]

対してガイドベーン開度，ランナベーンの開度を相対的に変化できる点にある．これによって，エネルギー損失が少なくなり，広範囲の落差と流量に対応した運転ができる．ケーシング，ステーベーンに流入した水は，ガイドベーンで旋回流となり，ランナベーンにエネルギーを伝達する．ランナ出口では主軸におおむね平行な流れとなる．ランナを出た水はS形状の吸出し管を通り，放水口に放流される．

適用範囲　通常，チューブラー水車が適用できる落差は 3～20 m である．農業用水利設備小水力計画での適用範囲としては有効落差 3～18 m，100～500 kW 程度のものが実用化されている．

5.5　中小水力発電の導入に向けた施策

わが国の包蔵水力量の中，未開発水力量は一般水力量で約 12 GW，発電電力量で約 46 GWh をもっている．これら水力エネルギーのうち流れ込み式が約 70%を占めている．

中小水力発電は，立地や設置条件によって建設コストが大きく異なるが，わが国での中小水力発電の発電コストは約 19.1～22.0 円/kWh となっており，海外の 4～8 円/kWh と比べ割高である．一方，大型の 300 MW 以上の発電システムについては約 1.4 円～8 円/kWh となっており，ほかの再生可能エネルギーに対して競争力をもつコストレベルである．

(1) 補助制度

わが国の中小水力発電にかかわる各省庁が実施している主な補助制度を，表 5.2 に示す．中小水力の主な推進母体は河川，渓流をもつ都道府県であり，都道府県においても独自の補助制度，グリーン電力基金などの助成制度が行われている．さらに，1.6 節で述べたように，2012 年 7 月から固定価格買取制度が導入された．中小水力についても買取価格が設定されている．

表 5.2　日本国内における中小水力発電への主な補助制度[3]

管轄	補助制度の種類		対象者
経済産業省	新エネルギー導入促進協議会	中小水力発電開発事業	一般電気事業者，公営電気事業者等卸供給事業者，卸電気事業者，特定規模電気事業者，特定電気事業者，自家用発電設置者
		新エネルギー等導入加速化支援対策事業	エネルギー利用等の設備導入事業を行う民間事業者
		地域新エネルギー等導入促進事業	地方公共団体，非営利民間団体および地方公共団体と連携して新エネルギー等導入事業を行う民間事業者
農林水産省	地域用環境整備事業		市町村，土地改良区等
	小水力等農業水利施設利活用促進事業		地方公共団体，農業者の組織する団体，地域協議会，民間団体等
	かんがい排水事業等の土地改良事業*		都道府県
	農村振興総合整備事業，その他*		都道府県，農業者団体ほか
環境省	地方公共団体対策技術率先導入補助事業		小規模地方公共団体
	市民共同発電実現可能性調査		地方公共団体ほか

＊小水力発電の単独事業としては不可

(2) 規制緩和

　再生可能エネルギーの全量買取制度の導入，東京電力福島第一原子力発電所事故の影響等により，地産のエネルギー確保や環境事業による地域活性化のため，中小水力発電に取り組む自治体が増えている．現在，環境省，国土交通省で規制緩和が進められている．また，内閣府行政刷新会議が取りまとめた規制・制度改革事業が，2012年に「エネルギー分野における規制・制度改革に係る方針」として閣議決定された．また，国家戦略室エネルギー・環境会議において「エネルギー規制・制度改革アクションプラン」がまとめられ，河川法について「河川環境・発電規模・利用場面等に応じた水利権の許可手続きの合理化（担当省：国土交通省）」の規制緩和を進めることが記載された．さらに，自治体や，全国小水力利用推進協議会，農業土木機械化協会などの任意団体内でも支援が検討されている．

(3) 中小水力発電導入に向けた流れ

　中小水力の企画，推進は地域を流れる河川，農業水路をもつ各都道府県で行われている．各都道府県が企画立案し，詳細な検討を実施して事業採算性が確認されたのち，実施段階で行政機関，水路管理者のみならず，民間企業，NPOで設置，推進を行う場合がある．
　中小水力発電事業化の流れを図 5.20 に示す．中小水力の事業化のプロセスは次の3

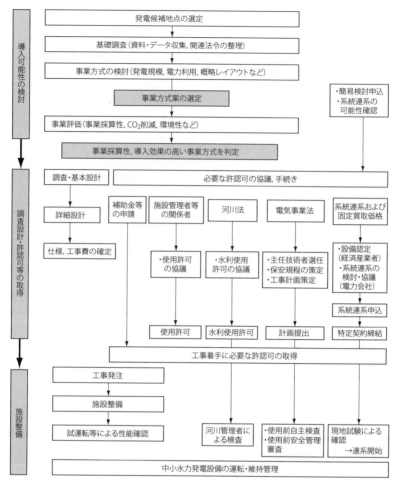

図 5.20 中小水力発電の導入の事業化までの基本的な流れ[6]

段階となる.

(ⅰ) 導入可能性の検討, 調査
(ⅱ) 設計許認可取得
(ⅲ) 施設整備

5.6 中小水力発電の課題

中小水力発電の今後の課題として次のようなことが挙げられる.

経済性 発電コストは 19.1～22.0 円/kWh と, 再生可能エネルギーの中では陸上風

力発電に次いで安価な電力が得られる．そのうえ，発電電力，発電量の変動が少ない良質な電力で，設備の利用率も約70％と高い．しかし，中小水力は設備投資コストが大きく，また長期的な水利権の確保が前提となる．河川の一定水量を発電に使用しながら，河川流域の環境保全を維持していくことが重要な課題である．

行政手続きの明確化・簡素化　中小水力発電事業は中小規模であり，開発事業の推進母体は地方自治体，水道局，土地改良区等多様化しており，地域に密着した事業母体で実施することが重要である．しかし，中小水力実施には河川維持・環境保全面では国土交通省，電力の系統連系，電力買取では経済産業省・電力会社が関連し，事業推進にはほかの再生可能エネルギーの事業推進よりも複雑な手続きをとらなければならない．中小水力発電にかかわる河川法の許認可手続きの簡素化，系統連系に関する経済産業省・電力会社との認可手続きの簡素化が望まれる．

中小水力の水車技術　戦後，わが国では大型水力開発が中心だったので，中小水力の設備開発技術は遅れているのが現状である．大型水力では，フランシス水車，ポンプ逆転水車で，わが国の大手メーカーは世界をリードする技術をもち，国内においても，海外への輸出においても豊富な実績を上げてきた．一方，ドイツをはじめとする欧州諸国ではFITが導入されて以来，中小水力発電の新増設，改良が盛んに行われている．小規模発電所に使用される欧州の水車発電機の技術評価は高く，わが国でもドイツの水力発電技術を学び取り入れることが望まれる．

地域との共生　中小水力発電設備の開発，運用・管理には，河川の水量を使用することから，地域住民の理解を得ることが重要であり，地域住民との共生事業でなければならない．中小水力発電の運用は地域の雇用につながる．

第 6 章 地熱エネルギー

この章の目的

わが国は世界でも有数の火山国であり，国内には 100 以上の火山が存在し，地熱資源が豊富にある．火山や天然の噴気孔，温泉，岩石が熱水などにより変質作用を受けてできた変質岩などがある地域（地熱地帯）では，深さ数 km の比較的浅い所に 1000°C 前後のマグマ溜りが存在する．地中に浸透した雨水などを加熱し，地熱滞留層を形成し，この熱をエネルギー源として利用・発電するのが地熱発電である．また，既存の温泉水を使って低沸点媒体を沸騰させてタービンを回して発電する温泉発電や，これまで捨てられていた排湯エネルギーを熱交換器やヒートポンプで利用して近隣のホテルや農業用ビニールハウスなどへ熱を供給する方法もある．ここではそれらについて学ぶ．

6.1 地熱発電の概要

地球は地中深くになるにつれ，温度が上がり，一般に深さ数 km から 10 km 程度に約 1000°C の**「マグマ溜まり」**が存在する．地表からの雨水は，数十年かけて岩石の割れ目を通って浸透し，マグマ溜まりの熱によって高温，高圧の熱水となり，地熱貯留層を形成する．地熱発電は，この貯留槽まで生産井とよばれる井戸を掘り，熱水や蒸気を取り出してタービンを回して発電利用する方式である．したがって，燃料が不要，クリーンで，膨大無尽蔵なエネルギー源で，太陽光発電や風力発電と比べると，天候に左右されることがなく，高い稼働率で安定した電力供給が可能である．

地熱発電の歴史は，1904 年イタリアのトスカナ地方のラルデレロで天然蒸気を利用して 0.55 kW の蒸気タービン発電機を運転，点灯したのが始まりで，1913 年には蒸気タービンによる 250 kW の地熱発電所が建設された．第二次大戦後，1958 年にニュージーランド北島のワイラケイで蒸気による発電に成功，1960 年には米国のカリフォルニア州ガイザース地域での 11 MW の第 1 号発電所が完成，商業運転が始まった．

日本では 1925 年に別府において太刀川平治らによって出力 1.12 kW の地熱発電に成功したのが最初とされるが，本格的な発電所としては蒸気卓越型の松川発電所（岩手県）が 1966 年に初めて運転され，翌年には熱水分離型の大岳発電所（大分県）が運転に入った．現在では，17 地点（13 箇所は電力会社，残り 4 箇所は自家用），20 基が稼働し，認可出力合計は約 540 MW である．発電電力量は 2013 年度約 2605 GWh で，同年の日本の電力需要の 0.3％に相当している．

6.2 地熱発電の現状

6.2.1 世界と日本の地熱資源量

世界の主要国の地熱資源量を表 6.1 および図 6.1 に示す．図から読み取れるように，地熱資源量は活火山数と相関があり，日本の地熱資源量は約 2 万 3500 MW で，米国（約 3 万 MW），インドネシア（約 2 万 8000 MW）に次いで第 3 位に位置する．2013 年時点における世界の設備容量は 11.8 GW を超え，国別では米国の約 3524 MW が第 1 位で，次にフィリピンの 1868 MW，インドネシアの 1339 MW に対して，わが国は約 500 MW と世界 8 位である．わが国では，150°C 以上の地熱資源量は，20 GW 以上と推定されるが，その 80％強が国立公園内にあり，自然環境との調和および開発コスト・時間などへの制約が大きく，この 15～20 年間停滞を続けてきた．しかし，2011 年の東日本大震災・巨大津波および福島第一原発事故の発生によって，再生可能エネルギーへの国民の期待の中で地熱発電に対する評価を政府内で見直し，普及促進を図るために 2012 年から再生可能エネルギーの固定価格買取制度（FIT）をスタートさせた（1.6 節参照）．

表 6.1　世界の国別地熱資源量[1],[2]

国名	活火山数 [個]	地熱資源量 [MW]	地熱発電導入量 (2015 年) [MW]
米国	160	30000	3098
インドネシア	146	27790	1340
日本	119	23470	519
フィリピン	47	6000	1870
メキシコ	39	6000	1017
アイスランド	33	5800	665
ニュージーランド	20	3650	1005
イタリア	13	3270	916

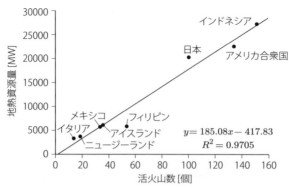

図 6.1 地熱資源量と活火山数の相関[3]

わが国の今後の地熱発電開発可能量は，開発の経済性が向上し，地元調整なども含めて10年以内に建設可能と想定した場合，3種類の発電原価12円/kWh，15円/kWh，20円/kWhに対して，それぞれ670 MW（日本の地熱資源量の3.3%），930 MW（同4.5%），1130 MW（同5.5%）と試算されている．

わが国の温度区分による熱水資源開発の賦存量および導入ポテンシャルを，表6.2に示す．導入ポテンシャルは150°C以上で6360 MW，120〜150°Cで330 MW，53〜120°Cで7510 MW，計1万4200 MW（賦存量の約43%）と推計されている．

表 6.2 わが国の地熱発電の賦存量および導入ポテンシャル[4]

区分	温度区分	賦存量 [MW]	導入ポテンシャル [MW]
熱水資源開発	150°C 以上	23570	6360
	120〜150°C	1080	330
	53〜120°C	8490	7510
	小計	33140	14200
温泉発電 *		(720)	(720)
合計		33140	14200

* 温泉発電は，53〜120°Cの低温域を活用した小規模バイナリー発電

6.2.2 日本の地熱発電の導入量

日本で現在稼働している地熱発電所は17箇所で，そのうち13箇所が電気事業用で，残りはホテルなど自家用である．2013年6月時点での全体の認可出力合計は約515 MW（電気事業用が97.6%を占める）である．日本で最初(1966年)に商業運転を

始めた松川発電所(蒸気卓越型,岩手県,東北水力地熱)は,認可出力2万3500 kWで,約50年経った現在も安定して運転されている.1973年の第一次石油危機以降に訪れた原油価格高騰期には,東北・九州地域を中心に開発が進められ,1990年代には9基(約317 MW)が導入された.しかし,2006年の八丁原バイナリー発電所(九州電力,2000 kW)以降,近年新規立地のない状態が続いている.すなわち,調査から建設までの期間が長く開発リスクやコストが高いという地熱発電特有の事情に加え,地熱資源の約80%が国定公園内にある,さらに周辺に温泉地のあることが多く,温泉の枯渇や品質劣化を恐れる温泉業者との共存,という特殊な事情が存在している.

また,近年,老朽化によってスケール(熱水に含まれるカルシウム系やシリカなどの堆積したもの)が付着して井戸が使えなくなるケースが予想され,近い場所に別の井戸を掘ることで発電能力は増やせるが,ここ数年は資金確保の問題から,わが国の発電設備容量は約530 MWとほとんど変わらず,発電電力量は1997年の38億kWhから2011年の26億kWhに30%も減少している状態にある(図6.2).現在,総発電設備容量に占める割合は,0.2%程度にすぎない[†1].

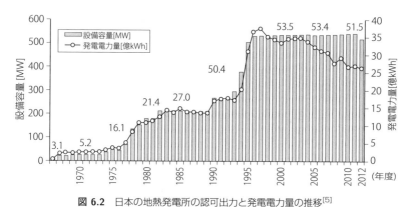

図 6.2 日本の地熱発電所の認可出力と発電電力量の推移[5]

6.3 地熱発電の方式

地熱発電(geothermal power)は,ほかの再生可能エネルギーの中で,唯一その設備利用率が70%程度[†2]と高く,安定した発電が可能なベースロード電源と位置付けられる.

地熱発電サイクルとしては,(ⅰ)**フラッシュ方式**,(ⅱ)**バイナリー方式**,(ⅲ)**トー**

[†1] 北欧アイスランドや中米エルサルバドルでは,電力の1/4を地熱発電でまかなっている.
[†2] 電源別の設備利用率は,太陽光発電で約12%,風力発電で約20%である.

タルフロータービン方式，(iv)**カリーナサイクル方式**，などがある．

6.3.1 フラッシュ方式発電

　地熱貯留層から200～350°Cの蒸気または熱水を取り出し，汽水分離器で分離した蒸気でタービンを回して発電する方式である．わが国では生産井からの流体に熱水型が多く，汽水分離器で蒸気を取り出す．その場合，汽水分離器で分離された一方の熱水は還元井とよばれる井戸を通して地下に戻される．日本の地熱発電所のほとんどがこの1段フラッシュ方式(図6.3，および後述の図6.7 (a))である．また，分離した熱水をフラッシャー(低圧汽水分離器)に導入して再度，熱水と蒸気に分離し，蒸気のみを一次蒸気と一緒にタービンに送り，熱水は還元井に送る2段フラッシュ方式(図6.7 (b))もある．さらに，坑口から蒸気のみが噴出する生産井では，汽水分離器は不要で，そのまま蒸気タービンを回すドライスチーム方式もある．国内では，2段フラッシュ方式は，八丁原発電所(大分県)と森発電所(北海道)，ドライスチーム方式は松川発電所(岩手県)で採用されている．

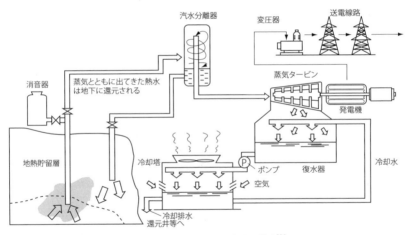

図 6.3 1段フラッシュ方式の構成[1]

6.3.2 バイナリー方式発電

　バイナリー方式は，一般に80～150°Cの中高温熱水や蒸気を熱源として，熱交換器で低沸点の媒体を加熱・蒸発させてタービンを回して発電する方式(図6.4, 図6.7 (c))である．媒体には，ペンタン(沸点36.07°C)などの炭化水素や代替フロン，アンモニア(沸点-33.34°C)など，沸点が100°C以下の液体が用いられ，タービンを出た媒体は凝縮器で液化され，再度循環利用される．本方式によって，これまで利用でき

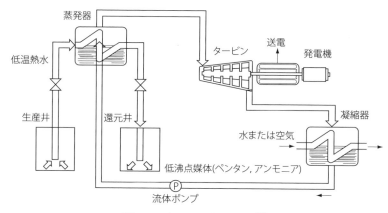

図 6.4　バイナリー方式の構成[1]

ず，海に捨てられていた低温の温泉水または熱を活用することが可能となる（温泉発電）．日本では，九州電力の八丁原バイナリー発電設備（大分県）がRPS法（電気事業者による新エネルギー等の利用に関する特別措置法，renewable portfolio standard）の認定を初めて受けているが，海外ではこのバイナリー方式は1980年代から多くの実績がある．

6.3.3　高温岩体発電

高温岩体発電（HDR, hot dry rock）は，高温であるが，水分に乏しくて十分な熱水や蒸気が得られない天然の地熱貯留層でない岩石を開発対象として地熱発電に活用する．人工的に岩盤に割れ目（フラクチャー）を作って2本の坑井の一方から水を注入し，もう一方から熱水や蒸気を取り出してタービンを回して発電し，冷却器で液化した熱水と分離器（セパレーター）からの熱水を注入井から岩盤に戻し循環するものである（図6.5）．NEDOが1993年度に行った国内の有望視される地熱地帯29箇所の調査では，29 GWを超える発電が可能と報告されている[1]．

高温岩体発電は，1970年に米国のロスアラモス国立研究所で提案され，ニューメキシコ州フェントンヒル地点で実験が行われ，1977年に世界で初めて2坑井間の導通に成功，1980年には連続288日間の循環実験（熱出力2～5 MW）を達成し，60 kWのバイナリー発電を実施した．

わが国では1977年に工業技術院のサンシャイン計画で，岐阜県焼岳で深さ300～1000 mの坑井を掘削し，約20 m間の循環実験を初めて実施した．続いて，NEDOが1985年から山形県肘折で人工熱水系の造成や坑内計測や循環システム技術の開発など，さらに電力中央研究所は1986年から秋田県雄勝で人工的な地熱抽出システム

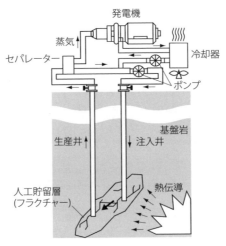

図 6.5　高温岩体発電(HDR)[1]

の技術開発を目標に水圧破砕法による貯留層を造成し，生産井水の回収率の改善(約25%)で熱出力 1.5 MW を実証した．

いずれも人工的に熱を取り出すための貯留層の造成や貯留層への注水技術，水圧破砕による透水性，送り込んだ水の回収率など必要な要素技術を取得してきた．しかし，NEDO の肘折プロジェクト(100 kW 規模)は 2002 年にいったん区切りを迎え，現在実際の運転までの商用化には至っていない．枯渇貯留層への注水技術や水圧破砕手法による透水性改善とともに，長期安定性の実証が経済性を含め望まれている．

最近の高温岩体発電分野では，ほぼ同義語の**涵養地熱系**(EGS, enhanced geothermal system)**発電**が提案されている．これは，火山のない普通の陸地でも発電を可能とする次世代地熱発電と位置付けられている．地球の中心温度は約 6000°C，地下温度は深度 30〜250 km では 1000°C に達すると推定される．したがって，温度だけを考えれば深いところほど有望な資源となるので，地下約 2〜3 km の高温の岩体中に大規模水圧により熱交換面となる人工亀裂を造成する．しかし，岩体亀裂などへの水の浸透率(通りやすさ，深くなるほど急激に小さくなる)や熱の抽出挙動などの問題，さらに岩体の破砕による誘発地震リスクへの問題回避が今後の課題とされている．たとえば，米国東部を含めて深度 10 km 程度まで開発すれば，2050 年には全米で 100 GW の発電が可能と試算されたり，火山に乏しい欧州やオーストラリアで注目されたりしている．

さらに，未来の地熱発電システムとして**マグマ発電**が検討されている．活火山などの地下には，マグマが深さは 1〜10 数 km，大きさは直径 1〜数 10 km のマグマだま

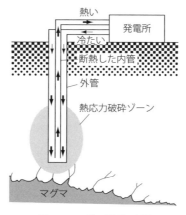

図 6.6 マグマ発電概念図

りとして存在する．図 6.6 に示すように，1 本の坑井（二重管）を用いて外管に水を注入し，断熱された内管から蒸気を回収，発電するものである．

6.3.4 トータルフロータービン方式発電

噴出する地熱流体が熱水なのか蒸気なのかに関係なく，汽水分離器を通さずに熱水・蒸気をそのまま原動機に投入して発電させる方式である．とくに，従来未利用の低い温度範囲の熱水主導型の地熱資源利用の機運とともに研究されてきた．システムの概念図をほかの方式とともに図 6.7 (d) に示す．とくに，原動機の二相流膨張機に対して，衝動型タービン，ヘロー（反動）型タービン，およびヘリカルスクリュー膨張機などの研究がなされている（図 6.8）．これらを用いたトータルフロータービンシステムは，利用可能な最大仕事量が従来のフラッシュ方式やバイナリー方式に比べて大きいので，膨張機の開発による高効率化が進めば実用化の可能性は高い．過去，米国の DOE（エネルギー省）ではヘリカル式 100 kW 膨張機の開発，わが国でもサンシャイン計画で体積式 100 kW の開発などなされたが，地熱発電への実証実験はまだされていない．

6.4 温泉熱利用発電・熱利用

6.4.1 温泉発電

地下（生産井）の温度 150°C 以上の蒸気をそのまま使用してタービンを回し，発電する大規模地熱発電と異なり，温泉発電はより低い温度領域の温泉熱を活用して沸点

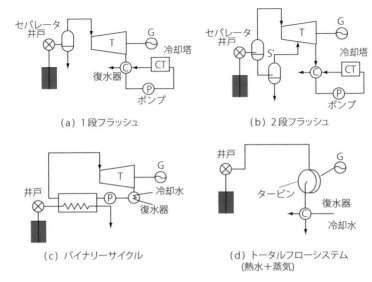

図 6.7 地熱発電のフローシステム

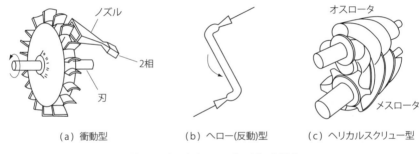

図 6.8 トータルフロータービンの形式

の低い液体を沸騰させ，蒸気にして発電する小規模な発電方式をいう．したがって，温泉水と沸点の低い媒体(代替フロン，ペンタン，アンモニアなど)の2種類を使うので，発電方式はバイナリー発電(図 6.7 (c))とよばれる(バイナリー：二元の)．この資源賦存量($53 \sim 120°C$)は，表 6.2 に示したように約 8.5 GW とされている．このうち，既存の温泉熱を利用できる導入発電量は約 700 MW (8.5%)と推計される．

このバイナリー発電として，カリーナサイクルを用いた方式が注目されている(図 6.9)．カリーナサイクルの原理は，沸点 100°C 以下のアンモニアと水の混合液を媒体とするものである．はじめは蒸発器(沸騰器)で温泉水によってアンモニア水を沸騰させ，これを気液分離器を通して蒸気をタービンに送って発電する．一方，気液分離

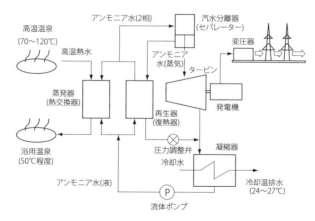

図 6.9 温泉バイナリー発電のしくみ(カリーナサイクル)

器で分離された液体のアンモニア水は，再生器で熱回収された後，タービンを出たアンモニア水蒸気を吸収し，凝縮器で冷却される．冷却されたアンモニア水は，ポンプによって循環され，一サイクルが終了する．熱媒体に沸点 $-33.34°C$ のアンモニアと水の混合媒体が利用され，比較的低い熱源の利用が可能であり，多くの電力が取り出せる．

6.4.2 温泉熱利用

わが国には，全国に約 2 万 8000 箇所を超える源泉があり(そのうち利用されているのは約 1 万 9000 箇所)，年間の延べ宿泊利用者数は 1 億 3000 万人超の温泉大国である．温泉は 20〜100°C 超の広い温度幅で湧出するが，入浴の適温は 40°C 程度であるので，適温以上では自然冷却か水を加えて適温にされる．また，入浴後の温排湯は通常そのまま排出され，利用されることはない．すなわち，源泉はこれまで入浴適温以外†では無駄に捨てられ，ほとんど利用されていなかった．

温泉熱利用とは，源泉やこれまで捨てられていた未利用の排湯を利用して，熱交換器やヒートポンプを用いて冷暖房，給湯や浴槽昇温に利用したり，イチゴ等の果実栽培や融雪利用等にも利用する．たとえば，方法として，(i)給湯に利用していた井戸水の加温を温泉熱で熱交換し，給湯ボイラの省エネ化を図る，(ii)温泉排湯を貯湯槽に貯めて熱エネルギーの回収を行い，冷暖房の熱源として活用する，(iii) 暖房，給湯に使用している重油や灯油のボイラの代わりに温泉排湯を熱源とするヒートポンプを導入して熱源とする，などである．

---

† 温泉は，源泉温度によって冷水泉(25°C 未満)，低温泉(25〜34°C)，温泉(34〜42°C 未満)，高温泉(42°C 以上)に分けられる．

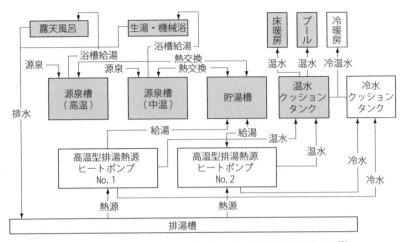

図 6.10 温泉排湯利用ヒートポンプシステム（岐阜県飛騨川温泉）[6]

ここで，温泉排湯利用のヒートポンプ（容量 60 + 75 kW）の使用フロー例を図 6.10 に示す．従来河川などに放流されている未利用のかけ流し温泉の排湯を排湯槽に貯め，ボイラの代わりにヒートポンプの熱源として用いて，床暖房，温水プール，冷暖房に用いるとともに，温泉風呂の加熱・給湯に利用する．この試算では，約 2 年で初期コストが回収され，15 年間でトータルコストが 5000 万～1 億 5000 万円削減される[6]．

6.5 地熱発電の今後の技術的課題

　地熱発電において，フラッシュ，バイナリー両方式の発電所はすでに商用運転しており，技術的に確立されている．さらなる普及に向けて，立地上の問題の解決とともに地熱探査技術の向上による低コスト化や貯留層管理技術の高効率化などが重要である．技術課題と解決の方向性を表 6.3 に示す．

- 地熱発電は，調査・開発段階で多数の坑井を掘削する必要があり，掘削費用が 1 本あたり数億円要すること，山間部に建設されるため送電線費用に多額の費用を要することから初期コストが増加する．これに対して 2012 年 7 月から実施された固定価格買取制度（FIT）の効果が期待されている．
- 資源調査から事業開始までに多大の時間と費用を要し，そのために環境アセスメントの時間短縮など，リードタイムの短縮化に向けた取り組みが必要である．
- 温泉熱を吸収する蒸発器などでのスケール対策，アンモニアが循環する系内の腐食対策など機器の改良が望まれる．

表 6.3 地熱発電の主な技術的問題と解決の方向性[5]

技術課題		解決策・要素技術
低コスト化	地熱探査技術の向上	●地質調査 ●地化学調査 ●物理探査(温度, 電気・電磁波, 地震, 重力, 磁気)
	スケール対策	●地熱熱水からのシリカ除去
高効率化	貯留層管理	●プラント出力の適正化 ●EGS(涵養地熱系) ●蒸気条件変化への対応(タービン翼のフレキシビリティ)
高耐久化	耐食性	●耐食性材料 ●コーティング
利用可能資源の拡大	未利用温度帯利用	●バイナリー発電 ●高温岩体発電
管理・運用	有害物質対策	●砒素等除去

海洋エネルギー

この章の目的

　海洋あるいは海水は，それ自体では利用できる有効エネルギーをもたず，風，月の引力，太陽エネルギー等の周囲環境から受け取ったエネルギーを，速度，位置，波動，温度差，濃度差等の物理エネルギーの形で保有する．これが**海洋エネルギー**であり，地球上に広く分布するが，海洋の分布，緯度，気象，地形，海底地形等の影響を受けるので，利用し得るエネルギーの形態および量は海域により非常に異なる．

　海洋エネルギーの利用は，エネルギー形態の理解と特有の技術を必要とするため，比較的近年になって始められた．重要性が増してきている再生可能エネルギーの一つとして，近年開発が活発になってきている．日本は，排他的経済水域面積では世界第6位の海洋国であるので，大きな海洋エネルギーのポテンシャルをもち，今後の実用化拡大が期待されている．本章は，現在開発されつつある多様な海洋エネルギーの種類，およびそれらの電気エネルギーへの変換技術について学ぶ．

7.1 海洋エネルギーの概要

　発電用として開発が進められている海洋エネルギーには，波力，潮汐，潮流，海流，温度差，塩分濃度差がある．表7.1に示すように，全地球では膨大な利用可能量があると推定されているが，実際の利用に向けた開発は端緒に就いたばかりである．日本でも多方面から研究開発が進められているが，小型波力発電設備以外に実用化された設備はない．

7.1.1 波力エネルギー

　海洋の波は，海上を吹く風によって引き起こされ発達を続ける「風浪」と，風による発達がなくなった後に残され伝わっていく「うねり」とが重なったものである．図

7.1 海洋エネルギーの概要

表 7.1 海洋エネルギーの利用可能量(2030 年)と既利用量(2010 年)[1]

種別	世界[TW] 利用可能量	世界[TW] 既利用量	日本[GW] 利用可能量	日本[GW] 既利用量
波力	0.4	0	12	—
潮汐	0.1	0.001	1	—
潮流・海流	0.2	0	6	—
温度差	0.2	0	10	—
塩分濃度差	0.1	0	1	—
合計	1	0.001	30	—

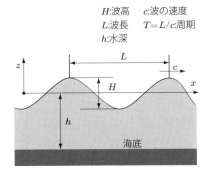

図 7.1 水の周期波の記号

7.1 に示す波高 H [m],周期 T [s]の正弦波の,単位表面積あたりエネルギー E および単位幅あたりのパワー W は次式で表される.

$$E = \frac{\rho g}{8} H^2 \ [\mathrm{J/m^2}]$$

$$W = \frac{\rho g^2}{32\pi} H^2 T \ [\mathrm{W/m}]$$

現実の波は異なった波高と周期をもつ多くの波が合成されたもので,取り扱いは非常に複雑となるため,統計的に定義される有義波を用いて評価する.ある地点で連続する波を観察したとき,波高の高い順から全体の 1/3 の波を選び,それらの平均波高を**有義波高**,平均周期を**有義波周期**とよぶ.その波高と周期をもつ仮想的な波を**有義波**とよぶ.

波力のパワーは波高の 2 乗と周期に比例するため,風速が大きく吹走距離,吹走時間が長く高い波が得られる海域で大きくなる.図 7.2 に示すように,北半球では冬期の季節風の影響を受ける海洋の東端が,南半球では南極海周辺海域がそれにあたる.

日本の波力エネルギー賦存量(沖合 100 km まで)は 195 GW と試算され,東日本大震災直前の電力 10 社総発電容量(約 207 GW)[2]に匹敵する.一方,現状技術をもとにした発電可能量は 19 TWh/年と試算され,2015 年の年間需要電力量(約 823 TWh/年)[2]の約 2%となる.図 7.3 に日本沿岸の波力パワーの推定を示す.

7.1.2 潮汐エネルギー

潮汐は,天体運動による海面変動であり,地球の自転,月および太陽の引力によって 1 日に 2 サイクル発生し,その大きさはこれらの天体の相対位置により変化する.太陽,月,地球が一直線になるときに最大潮汐である大潮が発生し,地球と月の中心線と地球と太陽の中心線が直角になるときに最小潮汐である小潮が発生する.

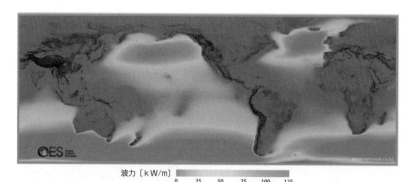

図 7.2 世界の波力エネルギーの分布(年平均)[3]

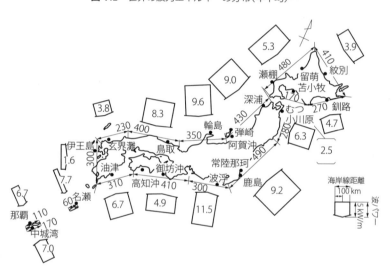

図 7.3 日本沿岸の波力パワー分布[4]

このエネルギーを利用するために，ダムにより外海からせきとめた潮池を構築する．満潮時に可動堰を開けて外海と同じ水位にして貯めた海水を，干潮時に発電機タービンを経由して外海に放流し発電する．潮差 H [m]，潮池面積 F [m]，放流時間 T_d [h]の潮汐発電所について，賦存エネルギー量 E および理論平均出力 P は次式で表される．放流時の潮池と外海との水位差 h [m]は，最大値 H からゼロまで変化する．ここで，ρ [kg/m³]は海水密度とする．

$$E = \rho g F \int_0^H h\,dh = \frac{1}{2}\rho g F H^2 \text{ [kJ]} = \frac{1}{2}\frac{\rho g F H^2}{3600} \text{ [Wh]}$$

$$P = \frac{1}{2}\frac{\rho g F H^2}{T_d \cdot 3600} \text{ [W]}$$

7.1.3 潮流エネルギー

　潮流は，潮汐にともなって発生する海水の水平方向流れであるが，その大きさは潮汐の大きさとは完全に対応せず，海峡や水路などの流路幅が狭い地点で大きくなる．海水は潮汐変化に応じて一方向に流れ出し，流速が次第に大きくなり極大に達した後，次第に小さくなり再び停止する．次いで反対方向に流れ出す．これを転流とよぶ．多くの場所で転流は1日に4回発生する．図7.4に潮流および潮汐曲線の例を示す．潮汐の変化に対応して潮流が発生し，1日に4回の転流がみられる．

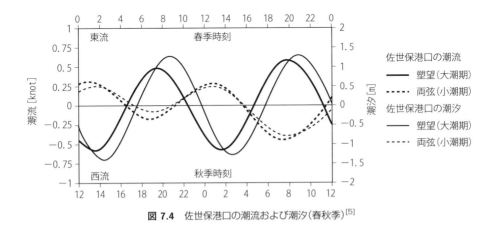

図7.4 佐世保港口の潮流および潮汐(春秋季)[5]

　流速 v [m/s] の海水中に置かれた断面積 A [m²] の羽根車を通過する流れのパワー P_0 は，次式で表される．

$$P_0 = \frac{\rho A v^3}{2} \text{ [W]}$$

周期 T [h] で速度 v が v_m と $-v_\mathrm{m}$ の間で変動する潮流の平均パワー P_0 は次式で表される．

$$v = v_\mathrm{m} \cos \frac{2\pi t}{T}$$

$$P_0 = \rho A \int_0^{T/4} \frac{v^3}{2} dt \Big/ \frac{T}{4} = \frac{2\rho A v_\mathrm{m}^3}{3\pi} \text{ [W]}$$

羽根車の理論出力 P は次式で表される．

$$P = C_\mathrm{p} P_0 \text{ [W]}$$

ここで，C_p はパワー係数であり，最高値はベッツの法則により0.593に制限される（3.4.2項参照）．

図 7.5 に，日本で潮流が強い箇所を示すが，瀬戸内海と九州西岸に集中しており，津軽海峡でもみられる．潮流エネルギーの賦存量は約 22 GW と試算され，電力 10 社の総発電容量の約 11%に達するが，現実的な導入可能ポテンシャルは約 1.9 GW であり，発電可能量は年間需要電力量の 0.7%の 6 TWh と試算されている．

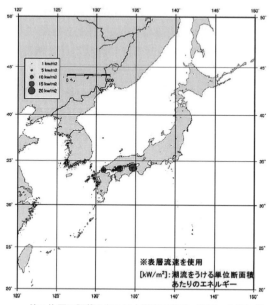

注：海図に記載のある日本沿岸の海峡・瀬戸・水道など281 地点のうち，流速表示のある 150 地点

図 7.5　日本の潮流エネルギー密度(月齢周期平均)[5]

7.1.4　海流エネルギー

海流は，太陽熱と偏西風等の風により生じる大洋の大循環流であり，地球の自転と地形によりほぼ一定の方向に流れている．流速，流量および流路は季節等により多少変わるが大きく変化せず，幅 100 km，水深数 100 m と大規模で安定したエネルギーが保持されている．図 7.6 に世界の主な海流を，図 7.7 に日本周辺の海流を，それぞれ示す．

日本周辺の海流エネルギーの賦存量は NEDO 試算によると約 205 GW とされているが，現実的な導入可能量は約 1.3 GW，発電可能量は年間需要電力量の約 1%にあたる 10 TWh と試算されている．

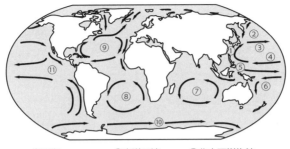

① 黒潮　　⑤ 赤道反流　　⑨ 北大西洋海流
② 親潮　　⑥ 南赤道海流　⑩ 南極海流
③ 北太平洋海流　⑦ 南インド海流　⑪ カリフォルニア海流
④ 北赤道海流　⑧ 南大西洋海流

図7.6 世界の主な海流[5]

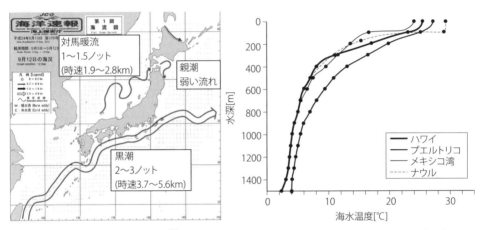

図7.7 日本周辺の主な海流[6]　　**図7.8** 熱帯および亜熱帯域の海水の垂直温度分布[5]

7.1.5 海洋温度差エネルギー

　海洋の表層100m程度までの海水は太陽エネルギーの一部を熱として蓄えており，低緯度海域では年間を通じて26〜30℃程度に保たれている．一方，極地で冷却された海水は海洋大循環によって低緯度海域へ移動するとともに，密度差により深層へと沈み込む．この結果，赤道近くでは表層水と1000m深層水との間で22〜24℃と高い温度差が得られ，大きなエクセルギー源となる．ここで，「エクセルギー」とは周囲と非平衡にある系が，周囲と接触して平衡状態に達するまでに発生可能な理論最大仕事をいう．これが海洋温度差エネルギーである．図7.8に垂直温度分布計測例を，図7.9に低緯度海域の表層と1000m深層水との温度差の分布を，それぞれ示す．

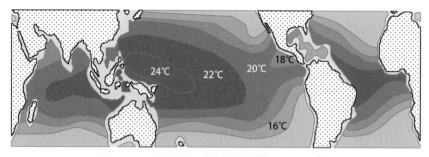

図 7.9 表層と深層 1000 m との海水温度差分布[5]

日本の排他的経済水域内の発電ポテンシャルは，表層−深層間温度差 20°C 以上の海域を対象とした場合 1368 TWh と試算され，2014 年の年間需要電力量の 1%を超える．

7.1.6　海洋塩分濃度差エネルギー

海水は約 3.5%の塩分をもち，淡水との浸透圧差は約 2.5 MPa†となる．これは，図 7.10 に示すように 250 m のヘッド差に相当し，海水と淡水が接近して得られる河口付近は大きなポテンシャルをもつ．

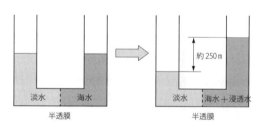

図 7.10　海水と淡水との浸透圧差

以上のほかに，海洋で得られるエネルギーとして近年開発が進められているものに，洋上風力，メタンハイドレート，海底熱水エネルギーがあるが，再生可能エネルギー中の海洋エネルギーの範疇にないため，本章ではふれない．以下，海洋エネルギーの種類ごとに，開発研究が進められている発電方式の技術の概要を述べる．

---

† ファントホッフの式による浸透圧差 Π の概算（浸透水による海水の希釈がない状態）．

$$\Pi = cRT = 1.20 \times 8.31 \times 10^3 \times 293 = 2.9 \times 10^6 \text{ Pa} = 2.9 \text{ MPa}$$

ここで，c：塩分モル濃度　$c = 1000 \times 3.5/100/58.5 \times 2 = 1.20$ mol/L，R：気体定数　$R = 8.31 \times 10^3$ J/(K·mol)，T：水温（20°C）　$T = 293$ K である．

7.2 波力発電の種類

波力発電は，波力エネルギーにより発電機を駆動するものである．海面上下動を空気の振動流に変換して空気タービンを回転させる「振動水柱型」，可動物体を介して波力エネルギーを機械的エネルギーに変換し発電機を駆動する「可動物体型」，波を貯水池等に越波させて貯留し，貯水池水面と海面との落差を利用して水車を回し発電する「越波型」の3種類に区分される．設置型式からは，装置を海面または海中に浮遊させる浮体式と，沖合または沿岸に固定設置する固定式に分けられる．以下，代表的な波力発電装置について説明する．

7.2.1 振動水柱型

振動水柱型(oscillating water column)**波力発電システム**は，装置内に空気室を設け，海面の上下動によって生じる空気室内外圧力差により空気タービン発電機を駆動する方式である．

浮体式振動水柱型波力発電装置　図 7.11 は，日本で発明され，1965 年に海上保安庁に採用された益田式航路標識用ブイである．世界で最初に実用化された浮体式振動水柱型システムである．

図 7.11　益田式航路標識用ブイ[7]

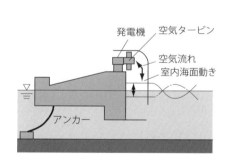

図 7.12　マイティホエール概念図

図 7.12 に，旧海洋科学技術センターで開発された沖合浮体式波力発電装置マイティホエールの概念図を示す．実用海域実験など技術的な開発は 2003 年に終了したが，商用化には至っていない[8]．以後，日本では大規模な実証プロジェクトは行われていない．

固定式振動水柱型波力発電装置　図7.13に，防波堤等の既設のケーソンの上に設置されたシステムの概念図を示す．

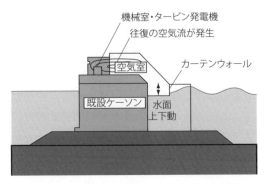

図7.13　固定式振動水柱型波力発電システム[5]

以上の振動水柱型発電装置の空気タービンには，波によって生じる往復空気流の中でもつねに一方向に回転するように設計されたウェルズタービンが主に使用されている．図7.14にウェルズタービンの原理を示す．翼断面は対称の翼型となっており，空気流の方向に関係なく，前縁方向に揚力の分力が作用し，ロータをつねに一定方向に駆動する．

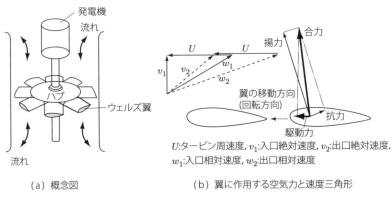

(a) 概念図　　　　　　　　　(b) 翼に作用する空気力と速度三角形

図7.14　ウェルズタービン([9]，[10]を基に著者作成)

7.2.2　可動物体型

可動物体型波力発電システムは，波による浮きの上下運動で発電機を駆動する方式であり，浮体式と固定式がある．前者は沖合に設置される波力発電の主流である．多くの方式が考案され，実用化試験を経て商用化の段階にある．

ポイントアブソーバ式波力発電装置（浮体式）　図7.15に浮体式ポイントアブソーバ発電装置を示す．波による浮きの上下運動は，図(a)のパワーブイ(power buoy)式では油圧に変換され発電機を駆動する．また，図(b)の機械式ではラックを介して，索により上下固定されたピニオンの回転に変換され発電機を駆動する．

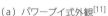

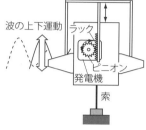

(a) パワーブイ式外観[11]　　　　(b) 機械式外観および動力変換機構[5]

図 7.15　ポイントアブソーバ式波力発電装置

ジャイロ式波力発電装置（浮体式）　図7.16は日本で開発された浮体式のもう一つの例で，ジャイロ式波力発電装置の構造図である．モータで回転させたフライホイールのジャイロ効果を利用する．波の揺れにより発生する浮体の揺動運動に，発電機の回転数と位相を同期させる．このとき発生するジャイロモーメントにより，フライホイール軸受を支持しているジンバルがフライホイール軸と直角方向に回転し，発電機を駆動する．

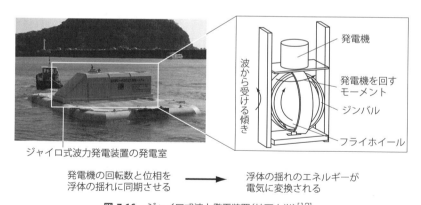

図 7.16　ジャイロ式波力発電装置（神戸大学）[12]

ペラミス波力発電装置（浮体式）　図7.17は，旧Ocean Power Delivery社（イギリス）が開発した蛇状浮体型のペラミス(Pelamis)波力発電装置である．数個のシリンダー状浮体がヒンジ結合され，直線状の長い集合体を形成し，波の進行方向と平行し

(a) 外観

(b) 運転状況

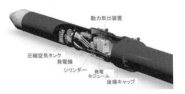
(c) モジュール断面図

図 7.17 ペラミス波力発電装置(旧 Ocean Power Delivery 社)[5]

て浮かべられる．ヒンジ部におけるシリンダー間の相対運動が油圧エネルギーに変換され，発電機駆動用油圧モータを駆動する．大きな相対運動を得るために，波に対して共振運動させるように調整するとともに，2 シリンダー結合長さが波長に等しくなるようにする．2008 年に世界初の商用プラント(750 kW 機)が設置されたが，故障が発生し，現在 EMEC において商用化試験を継続実施中である．

オイスター波力発電装置(固定式)　　図 7.18 は，Aquamarine Power 社(イギリス)が開発した固定式のオイスター(Oyster)波力発電装置である．波によってフラップ下端ヒンジを支点としてフラップが前後に揺動すると，フラップにより駆動される往復動ポンプから高圧海水が吐出され，海岸の水力発電所まで送られる．750 kW 機が EMEC において商用化試験を実施中である．

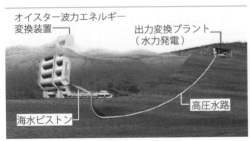
(a) 全体システム

(b) 揺動浮体フラップ

図 7.18　オイスター波力発電装置(Aquamarine Power 社)[5]

振り子式波力発電装置(固定式および浮体式)　　図 7.19 は，室蘭工業大学で開発された振り子式(pendular)波力発電装置である．沖に向け開口した水室内に進行波を導入し，支配的な波に対して後壁からの反射波と重ね合わせて定常波を発生させる．位置エネルギーがなく往復速度エネルギーのみが発生する節部に平板付き振り子を吊り下げると，振り子は波の流動により往復トルクを受ける．振り子の固有振動数を波の周波数に合わせると共振が発生し，振り子は波のエネルギーを効率的に吸収し大きく揺動する．振り子軸に直結したロータリーベーンポンプで発生した油圧により，発電

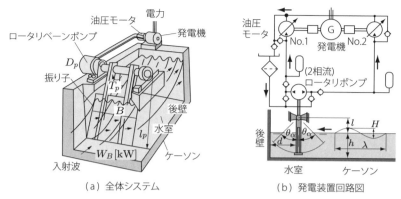

(a) 全体システム　　(b) 発電装置回路図

図 7.19 振り子式波力発電装置(室蘭工業大学)[13]

機に直結した油圧モータを駆動する.

水室をケーソン内に設置する固定式の発電設備がまず開発されたが，コストが高いため，コストの70%を占めるケーソンを浮体型に変更してコスト低減を図る，洋上浮体型振り子発電装置の研究も進められている.

7.2.3 越波型

固定式越波型波力発電装置　　図 7.20 に，防波堤を利用する方式の**固定式越波型波力発電装置**の概念図を示す．海水は，波の運動エネルギーを位置エネルギーに変えながら傾斜板に沿って上昇し，海面より高い水位の貯水槽に入る．貯水槽の海水は，水車発電機を駆動して再び外海に放流される．水車には，低ヘッドにおいて高い効率が得られるカプラン水車が適用される.

浮体式越波型波力発電装置　　図 7.21 は**浮体式越波型波力発電装置**であり，減衰する前の沖合の高い波力を利用することができる.

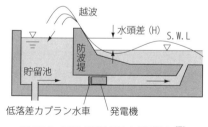

図 7.20 固定式越波型波力発電装置[5]

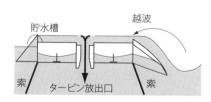

図 7.21 浮体式越波型波力発電装置
(Wave Dragon ApS 社)[5]

7.3 潮汐力発電・潮流発電

7.3.1 潮汐力発電

潮汐力発電所は，潮位変化を落差に変え，この差を利用して発電するものである．潮位差が大きい河口や湾の入口にダムと水門を建設し，満潮時に貯水し干潮時に放水する際にタービンを回して発電する．干潮時のみタービンを運転する一方向式と満潮時・干潮時の二方向で発電を行う双方向式がある．潮汐は周期的現象であり，満潮・干潮の予測ができるため発電計画が立てやすく，年間を通じて安定した電源である．世界で数箇所の潮汐発電所が運用されている．ただし，大規模なダムを建設することによる周辺海域への影響について十分評価する必要がある．

図7.22に，1966年に完成した世界初で現在でも最大級の潮汐発電所であるフランス・ランス潮汐発電所を示す．ランス川河口の平均8 m（大潮時13.5 m）の干満の差を活用したものであり，24基の双方向式タービン発電機を備え，最大出力は240 MWである．建設費は多額であったがすでに回収済みで，現在では発電コストは原子力より低いとされている．

(a) 発電所全景[14]

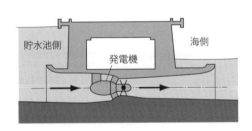
(b) 発電設備断面図[5]

図7.22　ランス潮汐発電所

定期的に開く閘門を備えた船舶用水路，ダム上道路等の社会的インフラが整備されているが，ダムで川を完全に塞き止めたことによる環境，生態系，漁業等への影響が確認され，その軽減が検討されている．

潮汐は地形の影響で増幅され，潮位差が大きく潮汐発電に適する地点は世界でも限られている．わが国では有明海の4.9 mが最大で，実用化の目安とされる5 m以上に達する箇所はない．次項の潮流発電方式がもっぱら研究開発されている．

7.3.2 潮流発電

潮汐にともない発生する潮流の運動エネルギーをそのまま利用して発電機を駆動するもので，プロペラ式に加えて振動式発電機も考案され，実用化に向けた研究開発が行われている．

(1) タービン式潮流発電装置

世界各国でさまざまな種類の潮流発電装置が開発され，実用化に向けた試験が実施されている．風力発電装置と比べ高い経済性が得られると報告されている．

a) 潮流発電装置開発における重要技術項目[15]

図 7.23 に，タービン式潮流発電装置の設置状況を示す．この装置の実用化には多くの技術開発ポイントがあるが，主な項目を以下に記す．

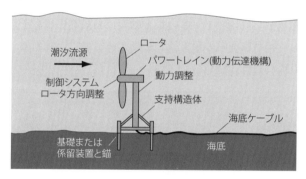

図 7.23 タービン式潮流発電装置設置状況[15]

① **動力取得量をできる限り多くするための留意点**
- 流速の大きい場所の選定
- 速度分布や潮位に応じたタービン設置高さの設定
- 深さ方向流速分布に応じたロータサイズの設定
- ベッツ数で与えられる限界効率 59.3％を目指す効率向上

② **信頼性，経済性が高い構造設計のための留意点**
- タービン型式の選定：水平軸および垂直軸の各種タービンから設置条件に最適な型式を選定する．上げ潮，下げ潮の両方に対応したシステムが必要となる．
- 設置構造の選定：重力式基礎を海底に設置する方式，海底に支柱を立てるモノパイル方式，浮遊式などの各種設置方法が開発されている．強度，保守および修理時のアクセス，工事等を考慮した最適な設置方法が選定される．

b) 日本で開発が進められている潮流発電装置

図 7.24 に，NEDO の「海洋エネルギー技術開発研究」および「次世代海洋エネルギー発電技術研究開発」で採択されている 4 件の潮流発電関連研究開発事業を示す．

図(a)の着定式潮流発電装置は，ブレード・発電機等からなるナセルを海底に固定し，潮流の運動エネルギーをブレードの回転運動に変換し発電機を駆動する．設置やメンテナンスに潜水士を必要としないシステムの開発を目指す(事業者：川崎重工業)．図(b)の浮体式潮流発電装置は，垂直タービンを浮体構造物に設置し，海流の運動エネルギーをタービンの回転運動に変え発電機を駆動する．荒天時に耐え得る浮体構造・係留方法の確立を目指す(事業者：三井海洋開発)．図(c)の油圧式潮流発電装置は，上げ潮・下げ潮に対応したツインロータ駆動の油圧ポンプにより，潮流の運動エネルギーを油圧に変換し，海上に設置した油圧モータ駆動発電機を駆動する(事業者：佐世保重工業，東京大学，九州大学)．図(d)の橋脚利用式潮流発電装置は，橋脚や港湾構造物に流れ方向への依存性が小さい垂直軸型揚力式タービンを設置し，非接触動力伝達機構を介して密閉容器内の発電機を駆動するもので，構造物に沿って送電ケーブルを敷設する方式である(事業者：ナカシマプロペラ，五洋建設，広島工業大学)．

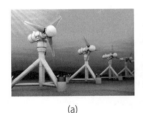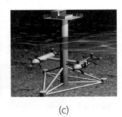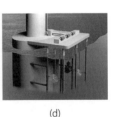

(a)　　　　　　　(b)　　　　　　(c)　　　　　　　(d)

図 7.24 日本で開発中のタービン式潮流発電装置[5]

c) 世界で実証試験が実施されている潮流発電装置

表 7.2 に，現在，各国で開発されている実用化に近い潮流発電装置の概要を示す．

(2) 流力振動式潮流発電装置

水流中に置かれた柱状物体が受ける，流れと直角方向の振動力を利用して発電する方法が最近開発され，実用化に向けた取り組みが進められている．

a) 振り子式潮流発電装置(Hydro-VENUS)

図 7.25 は，岡山大学で開発されている振り子式潮流発電装置であり，自治体との連携のもとに地産地消型発電を目指して瀬戸内海各地で実用化試験が実施されている．流れに直角方向に軸を設定した円柱は，その後部に発生するカルマン渦列により流れと円柱軸に直角方向に交番力を受ける．この力は大きく，煙突，橋，水中構造物等で

表 7.2 各国で開発中の実用化に近い潮流発電装置

名称	開発主体	技術ステータス	技術仕様
Sea Gen 潮流発電装置	Marine Current Turbine Limited（イギリス）	実用化〜商用化	固定支柱にツインタービン 定格出力：1.2 MW
Open Hydro 潮流発電装置	OpenHydro（アイルランド）	実験段階	海底設置，ダクト付き発電機一体 発電出力：100 kW〜4 MW
Hammerfest Strøm 潮流発電装置	Hammerfest Strøm（ノルウェー）	プレ商用化のデモ機	海底設置，ヨー固定，ピッチ制御 発電出力：1 MW
AK1000（AR1000）潮流発電装置	Atlantis Resources（シンガポール）	フルスケール実証試験	海底設置，固定翼 発電出力：1 MW
ALSTOM 潮流発電装置	ALSTOM（フランス）	実用化〜商用化	海底設置，ヨー制御，ピッチ制御 発電出力：50 kW
SR250 潮流発電装置	Scotrenewables Tidal Power（イギリス）	実証試験〜実用化	浮体式，カテナリー係留 固定ピッチ 発電出力：250 kW
Voith Hydro 潮流発電装置	Voith Hydro Ocean Current Technologies（ドイツ）	実用化〜商用化	海底設置 発電出力：110 kW，1 MW

参考文献 [5] より作成

(a) 全体装置外観

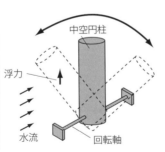
(b) 作動原理

図 7.25 振り子式潮流発電装置[16]

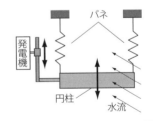

図 7.26 並進振動式潮流発電装置[16]

は変動応力を発生させる有害な力であるが，本装置はこの振動力を有効利用し，発電機駆動用動力に変換して発電する装置である．

一端を回転軸に固定された円柱振り子は，交番トルクを受けて揺動し，軸を回転振動させ，動力伝達機構を経由して発電機を駆動する．円柱に作用する浮力がばね力となり，振動系を形成する．固有振動数を適切に設定することにより，効率的に潮流エ

ネルギーを吸収することができる．狭い海域で集中的に動力を吸収する複数連結振り子も試験されている．

b) 並進振動式潮流発電装置 (VIVACE)

図7.26はミシガン大学で開発された振動式潮流発電装置である．交番力の発生原理は振り子式と同じであるが，円柱の並進振動を取り出して発電機を駆動する．

7.4 海流発電

海流発電は，適した海域の離岸距離が大きいため送電やシステムの維持に困難がともなうこと，海洋エネルギー利用で一歩先を行く欧州諸国では，地形の変化を活かした潮汐発電と潮流発電，良質な波力が得られる波力発電を優先させていること等が影響し，ほかの海洋エネルギーを用いた発電より開発が遅れている．現在，海流発電に取り組んでいる国は，日本，米国，台湾に限られている．以下，日本で開発中の主なシステムを概観する．

図7.27に，東京大学，IHIで開発が進められてきた水中浮遊式海流発電システムを示す．二つのタービンが逆方向に回転して安定した姿勢を維持し，大型タンカーが上を通過できる海面から約50 mの深さに設置する．アンカーの深さは現在500 m以浅を想定している．ベッツ限界を目指した高性能タービン，安定した作動，容易な補修を可能とする低コスト浮体・係留システム，海水中での長期メンテナンスフリーを実現する発電・送電システム等多くの要素開発が実施されている．

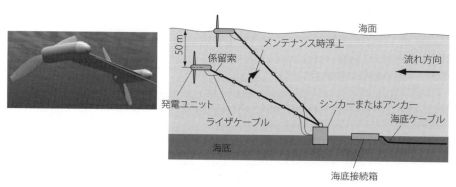

図7.27 水中浮遊式海流発電システム概念図[17]

成果を活かした実海域での発電実証研究が今後進められる．本システムは，豊富なエネルギーをもつ黒潮の海域に大規模発電ファームを建設し，再生可能エネルギーの中でもっとも安い発電コスト20円/kWhを達成することを目標にしている．

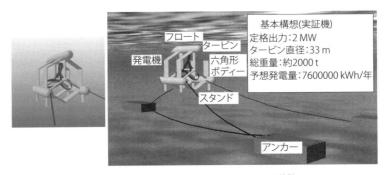

図 7.28 ループ潜行方式海流発電システム[18]

図7.28に，(財)機械システム振興協会のプロジェクトにおいてフィージビリティースタディー(実現可能性調査)が実施された，ループ潜行方式海流発電システムを示す．2 MW級の発電を可能にするループ型の直径約33 mの大ブレードの適用が考えられている．

7.5 海洋温度差発電

海洋温度差発電(OTEC：ocean thermal energy conversion)の原理は1881年にフランスで提唱され，1926年の公開実験に続き研究開発が行われたが，エネルギー事情から1950年以降は中断した．1973年の第一次石油危機を契機として，米国と日本で国家プロジェクトとして本格的な研究が開始されたが，原油価格の下落とともに中断あるいは縮小された．この状況下で，佐賀大学海洋エネルギー研究センターは，独自に海洋温度差発電の研究開発を続け，実用化の目処を付けるに至っており，その技術はいまや世界トップレベルにある．以下日本での開発について述べる．

図7.29に，海洋温度差発電システムの基本的なサイクルを示す．蒸発器，蒸気タービン，発電機，凝縮器，ポンプで構成されるランキンサイクル発電である．ここで，ランキンサイクルとは，ボイラ(蒸発器)，蒸気タービン，復水器(凝縮器)，給水ポンプからなる蒸気原動所の基準サイクルのことをいう．作動流体として表層水を使うオープンサイクル，アンモニアやフロン22を使うクローズドサイクル，さらに等圧相変化中に温度が変化するアンモニアと水の混合物を使い，蒸発器および凝縮器でのエクセルギー損失を低減して熱効率を画期的に向上させたカリーナサイクルが提唱された．

図7.30に，発明者の名を冠したウエハラサイクルの系統図およびT-s-y線図を示す．カリーナサイクルの課題を解決し発展させたものである．高低圧2段の蒸気タービンの設置，抽気による作動流体加熱，蒸発器と凝縮器向けに開発したプレート式熱

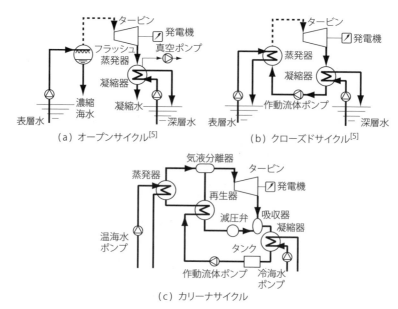

図 7.29 海洋温度差発電系統図

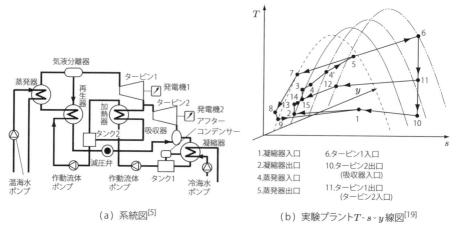

図 7.30 ウエハラサイクル

交換器適用によるエクセルギー損失低減等により，世界トップレベルの熱効率を達成するものであり，国内外12カ国の特許が確立している．温水入口温度29°C，流量 193.7 kg/s，冷水入口温度 8°C，流量 111.1 kg/s の試験条件でタービン合計出力 30.7 kW，総合熱効率 1.61%が確認された．

海洋温度差発電は，10 MW 以上の発電プラントにすれば現在の火力発電に匹敵す

る経済性が得られるとされるが，そのために必要な MW 級の実証試験は実施されるに至っていない．さらに，高温熱源である表層水から淡水を得る淡水化と組み合わせたハイブリッドサイクル，低温熱源である深層水による漁場造成，冷熱利用，リチウムなどの金属回収などを組み合わせた，図 7.31 に示すような各種複合利用が研究されている．

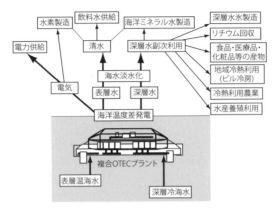

図 7.31 海洋温度差発電の複合利用[20]

7.6 海洋塩分濃度差発電

海洋塩分濃度差発電(SGP：salinity gradient power)は，海水と河川などの淡水との塩分濃度差エクセルギーを利用して発電する技術であり，欧州が開発をリードしている．日本国内では東京工業大学，山口大学，長崎大学等の大学に加え企業も参画し，研究開発が進められている．ほかの再生可能エネルギーに比較して以下の利点が挙げられている．

- 海に面した河口など，発電可能地域が世界中に存在する．
- 日光，風，潮汐等のように自然現象の影響を受けず，高稼働率が得られる．
- 環境に悪影響を与える廃棄物を発生しない．
- ダムは必要とせず，発電インフラは堤防下に設置することができ，景観を損なわない．

濃度差発電には，浸透圧発電と逆電気透析発電の 2 方式がある．

7.6.1 浸透圧発電

浸透圧発電(PRO：pressure retarded osmosis)は，1976 年に Sydney Loeb (イスラエル)によって提唱されたが実現せず，その後スタットクラフト社(ノルウェー)で研

究開発が進められ，2009年に5 kWパイロットプラントが稼働した．日本でも1980年代に研究されたが実用化に至らなかった．東京工業大学を中心とする研究グループが，福岡市海水淡水化プラントから排出される濃縮海水を使った開発および実証試験を2001年から開始し，2011年に3.7～5.6 kWの出力を確認した[21]．現在出力100 kW級の実用プラント建設が計画されており，中東への進出も考えられている．

図7.32に，浸透圧発電の原理と構成を示す．海から供給された海水と河川から供給された淡水が，膜モジュール内で半透膜を介して接触する．正味出力（＝発電機出力 − ポンプ動力）は，印加圧力 Δp（＝膜モジュール内の海水圧力 − 淡水圧力）が増加するに従って増加し，浸透圧差 $\Delta \pi$ の1/2のときに最大となり，$\Delta p = \Delta \pi$ でゼロとなる．最大出力は，浸透膜の水透過係数と面積に比例するので，高い性能と低コストを実現する正浸透膜の開発が鍵となるが，海水淡水化用の逆浸透膜で高い技術をもつ日本は優位な立場にある．また，出力は浸透圧差の2乗に比例するので，大型の海水淡水化施設からの大量の濃縮海水を利用できる場合には有利になる．

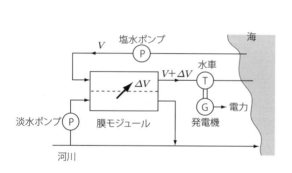
正味出力 $= p(V + \Delta V) - PV$
$= p\Delta V$ [W]
p:塩水ポンプ吐出圧力 [Pa]
V:塩水ポンプ吐出量 [m³/s]
ΔV:淡水浸透量 [m³/s]

（a）発電設備の構成と出力

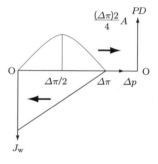
出力密度 $PD = P\Delta V/S$
$= PJ_w = A(\Delta \pi - \Delta p)\Delta p$ [W/s]
S:膜の透過面積 [m²]
$\Delta V = J_w S$
$J_w = A(\Delta \pi - \Delta p)$:膜透過水流速 [m/s]
A:水透過係数 [m/(s・Pa)]
$\Delta p = p - p'$:印加圧力 [Pa]
$p' \fallingdotseq 0$:淡水ポンプ圧力 [Pa]

（b）印加圧力の選定

図7.32 浸透圧発電の原理（[21]を基に著者作成）

7.6.2 逆電気透析発電

逆電気透析発電（RED：reverse electro-dialysis）は，電気透析の逆プロセスである．1954年にR.E. Pattleによって提唱され，REDスタック社（オランダ）が開発をリー

ドしている．2010 年に約 15 W の発電に成功しており，200 MW 級発電システムが計画されている．日本では山口大学で研究され，16.7 MW の発電に成功している[23]．

図 7.33 に，逆電気透析発電の原理を電気透析と比較して示す．両端を電極板とし，その間に陽イオン交換膜と陰イオン交換膜を交互に配置してできる多数の膜間に海水と淡水を交互に流す．陽イオン交換膜を通して海水中の Na^+ イオンは淡水側に透過し，陰イオン交換膜を通して海水中の Cl^- イオンは淡水側に透過する．電極を導線で結合すると直流電力が外部に取り出される．

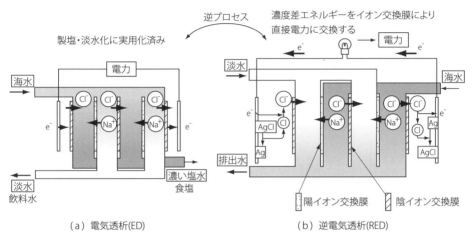

図 7.33 電気透析と逆電気透析発電の原理（[22]，[24] を基に著者作成）

7.7 実証試験サイト

海洋エネルギーの開発においては，実証試験による信頼性の確認が不可欠である．欧州では，波力発電および潮力発電の開発に対して表 7.3 に代表される実証試験サイトが複数整備されており，企業の技術開発推進に大きく貢献している．

日本においても，内閣官房総合海洋開発政策本部が 2012 年に決定した「海洋再生可能エネルギー利用促進に関する今後の取組方針」[25] に基づき，実証フィールドの募集を行って，2015 年までに，表 7.4 に示す 5 県 7 海域が選定された．その後，各実証フィールドにおいて利用促進を図るための体制作り，研究機関や企業に提供する流況，風況の調査等の諸活動が実施されている．

表 7.3 欧州の主要な波力発電・潮流発電実証試験サイト[5]

実証試験サイト	概要
EMEC（スコットランド オークニー諸島）	実機スケールの実証試験が可能．送電線も整備（系統連系）．陸上までの海底ケーブル，変電所，風速・波高等の計測所，オフィス・データ解析施設等を備える．近くに新たな実証サイトが整備される予定．
Narec（北東イングランド）	造船のドックを改良して作った大型水槽による海洋エネルギー発電デバイスの水槽試験が可能であるとともに，海底ケーブルや高電圧試験を行う設備，潮流発電については 3 MW 級のパワートレインやブレード試験を行うことが可能である．
Wave Hub（南西イングランド）	世界最大の波力発電実証試験サイト．実機スケールの実証試験が可能．送電線も整備（系統連系）．
Wave Energy Centre（ポルトガル）	実証試験サイトを提供するほか，企業の R&D 支援，海洋関係機関（EU-OEA[*1] や IEA-OES[*2] 等）の活動への参加，各種レポートの作成等も実施．

*1：European Ocean Energy Association　　*2：IEA-Ocean Energy Systems

表 7.4 日本の海洋再生可能エネルギー実証フィールドに選定された海域[26],[27]

都道府県	海域	エネルギーの種類
岩手県	釜石市沖	波力，浮体式洋上風力
新潟県	粟島浦村沖	海流（潮流），波力，浮体式洋上風力
佐賀県	唐津市加部島沖	潮流，浮体式洋上風力
長崎県	五島市久賀島沖	潮流
長崎県	五島市椛島沖	浮体式洋上風力
長崎県	西海市江島・平島沖	潮流
沖縄県	久米島町	海洋温度差

7.8　今後の課題と対応

　潮汐力発電以外の海洋エネルギー発電は，世界的に研究開発もしくは実証研究段階にあり，本格的な事業化に向けて克服しなければならない技術的課題が多くある．日本は過去には基礎的技術で世界を主導していたが，実用化に向けた技術開発では欧米に 10 年遅れているといわれている．海洋エネルギー発電は資源小国日本でこそ開発を必要とする技術であり，石油価格に左右されず長期的視野に立ち，一貫した開発実用化を国家として推進していくことが望まれる．以下に今後の課題を列記する．

技術課題の克服　　波力発電および潮力発電は，事業化の一歩手前の段階にあるとい

われるが，2020年までの導入普及を実現するためには，基礎的技術を確立して高信頼性を確保することが鍵になる．特有の気象や海象条件に適した発電デバイスの技術開発をもとにした経済性の確認が不可欠であり，要素技術の研究開発に加えて実証試験による確認が重要である．

高効率化と低コスト化の実現　とくに日本の波浪は欧州に比べ，1年を通じた平均的な波浪エネルギーが低い一方，台風など局所的に厳しい海象条件が発生することが多い．このような条件下でほかの発電方式に代わって波力発電およびほかの海洋エネルギー利用発電が適用されるには，高効率でかつ高信頼性を経済的に実現するシステムを確立することが前提となる．

地域との協調　海域の選定や事業計画などを地域関係者と協議するとともに，国や地方自治体への許認可手続きを円滑に進める必要がある．とくに，航行や漁業など既存の海域利用者と十分に協議するとともに，周辺住民への情報開示，周辺環境への影響評価などを適切に行うことが重要である．

離島での利用促進　日本には多くの離島が存在し，その大半は島内の電力を大小のディーゼル発電によってまかなっている．離島ではディーゼル発電がもっとも経済的であるが，発電コストは本島に比べて非常に高い．周囲が海に囲まれ，海洋エネルギー発電の適用にとって有望な環境にあると考えられる．

大規模化および大型化への対応　欧州では，複数機の発電システムを実海域に集中配置する実証研究が進められている．これは，発電デバイスの製造，施工や運転保守などを合理化して発電コストを低減するとともに，発電規模を拡大するものである．さらに，単機容量でも数百kW級からMW級の発電デバイスへと大型化が進められている．日本でも複数機配列の実現可能性や大型化による経済性向上を進め，海洋エネルギー発電の導入普及を推進する必要がある．

未利用エネルギー

この章の目的

大気と温度差がある河川，海水，地下水，下水などの温度差エネルギー，雪氷冷熱，工場からの排熱など，これまで利用されず廃棄されていたエネルギーを**未利用エネルギー**とよぶ．温度差エネルギーは，大気とのわずかな温度差からヒートポンプによってエネルギーを取り出し，夏は冷房，冬は暖房に活用する．また，雪氷冷熱エネルギーは，雪や氷を保存し，冷房や冷蔵の冷熱源として利用するもので，寒冷地特有の未利用エネルギーとして大きく期待されている．さらに，未利用排熱を熱電素子によって電気エネルギーに変換する熱電発電について学ぶ．

8.1 未利用エネルギーの概要

未利用エネルギーとしては，表8.1に示すように，いままでほとんど利用されなかった河川水・海水，排水や中・下水などの熱や工場，超高圧地中送電線，変電所，清掃工場などからの排熱，さらに地下鉄や地下街の冷暖房排熱などが挙げられる．これら

表 8.1　未利用エネルギー

熱源	内容
河川水・海水の熱	河川水や海水の温度は，夏は外気温よりも低く，冬は高いので地域熱供給の熱源となる
生活排水や中・下水の熱	生活排水や工業用水(中水)，下水処理水は，冬でも比較的高い温度であるため，利用度が高い
工場の排熱	生産工程で排出される高温の排熱
超高圧地中送電線の排熱	超高圧地中送電線のケーブル冷却排熱
変電所の排熱	変圧器の冷却排熱や受変電室内の排熱は，安定している
雪氷の冷熱	雪を貯蔵して，野菜の保存庫や夏季の冷房の熱源とする
その他の排熱	地下鉄や地下街の冷暖房排熱や換気など
清掃工場の排熱	ごみを焼却する際に高温の蒸気を発生させ発電を行い，その蒸気を水に戻す際に冷却水が受ける熱

のうち，とくに外気とのわずかな温度差を利用する熱源を，温度差エネルギーとよんでいる．温度差エネルギーなど未利用エネルギー（雪氷冷熱を含む）の 2010 年度導入実績は原油換算で約 5 万 kL で，近年，約 5 万 kL 程度の横ばい状態で推移している．これらの日本の賦存量の合計は，わが国の一次エネルギー供給量（2014 年度 2106 万 TJ，原油換算† 520 百万 kL）にほぼ匹敵するが，利用目標でも 0.1% 以下である．本章では，温度差エネルギーとわが国独自の技術である雪氷冷熱エネルギーの利用，および熱電発電について述べる．

8.2 温度差エネルギー

温度差エネルギーとは，外気との温度差を利用するものである．たとえば，海水の熱利用の場合，図 8.1 に示すように海水の年間の温度変化は外気温よりも小さいので，夏季の水温は外気温より低く，冬季は外気温より高い．夏季の冷房時にはヒートポンプの凝縮器の冷却に，冬季の暖房時には蒸発器の加熱熱源として用いることにより，外気や一般水を熱源とした場合より高効率の運転が可能となる．このように，温度差エネルギーは冷房，暖房，給湯など 150°C 未満の低温の熱需要に対して，ヒートポンプや冷凍機を用いた有効活用が可能となる．

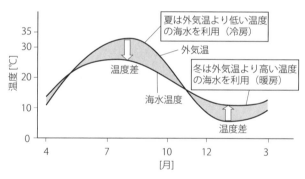

図 8.1 外気温と海水の温度変化

8.3 ヒートポンプ

ヒートポンプサイクルの配置フロー図と T-s，P-h 線図を図 8.2 に示す．ここで，図中の Q_h，Q_c はそれぞれ放散熱量（暖房），吸収熱量（冷房）である．サイクルの作動流体（冷媒とよぶ）としてフロン系やアンモニア，CO_2 などが用いられる．冷媒が

---

† 原油換算係数 0.0258 kL/GJ

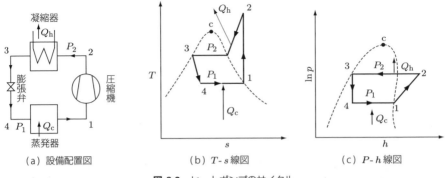

図 8.2 ヒートポンプのサイクル

圧縮機で圧縮されて高温高圧の過熱蒸気(図中の点 2)になり，凝縮器に送られる．ここで，外部の媒体との熱交換により冷やされて，乾き飽和蒸気から凝縮液化して飽和液(図中点 3，交換熱量 Q_h)となる．その後，膨張弁に送られ，等エンタルピー膨張($h_3 \fallingdotseq h_4$)[†]によって湿り飽和蒸気(図中点 4)の状態で，蒸発器に入る．ここで外部熱源により暖められ，蒸発し(図中点 1，交換熱量 Q_c)，圧縮機に入り，1 サイクルが完了する．

このサイクルにおいて，常温の流体から熱量 Q_c を吸収し(蒸発器)，それより高温の目的物に熱量 Q_h を伝える(凝縮器)ときは暖房に，逆に常温の流体に熱量 Q_h を捨て(凝縮器)，低温の目的物から熱量 Q_c を吸収する(蒸発器)ときは，冷房として利用できる．

図 8.3 に示すように，暖房と冷房に応じて温度差エネルギーを蒸発器または凝縮器に利用する．すなわち，温度差エネルギーをうまくマッチングさせることによって，必要な温・冷熱を効果的に利用できる．

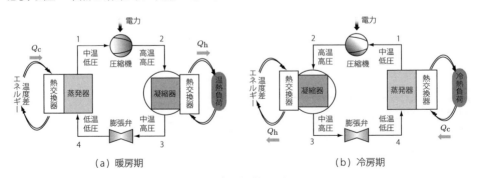

図 8.3 ヒートポンプの熱サイクルフロー

---

† 減圧弁による蒸気減圧は，エンタルピーの減少がない等エンタルピー変化とみなせる．

その性能は，一般に**動作係数**または**成績係数 COP** (coefficient of performance)†で表される．

$$\text{COP} = 暖冷房の定格能力[\text{kW}] \div 圧縮機の定格消費電力[\text{kW}]$$

図 8.2 において，ヒートポンプサイクルの暖房の動作係数または成績係数 COP_h は，h を比エンタルピーとして，

$$\text{COP}_h = \frac{h_2 - h_3}{h_2 - h_1} \tag{8.1}$$

となる．冷房の動作係数または成績係数 COP_c は，

$$\text{COP}_c = \frac{h_1 - h_4}{h_2 - h_1} \tag{8.2}$$

となる．したがって，両動作係数(成績係数 COP)の間には次の関係が成立する．

$$\text{COP}_h = 1 + \text{COP}_c \tag{8.3}$$

このように，ヒートポンプの暖房時の COP_h は，理論的には同じサイクルで冷房を行った場合の冷房の COP_c より 1 だけ大きい．この COP は上式からわかるように，圧縮機の仕事量 $(h_2 - h_1)$ によって大きく変わってくる．したがって，蒸発温度が高く，凝縮温度が低いほど，圧縮仕事量は減少し，成績係数 COP は増加する．

ヒートポンプの COP に及ぼす蒸発温度と凝縮温度の影響を図 8.4 に示す．例として，蒸発温度 0°C，凝縮温度 45°C に対して実際の COP = 4.1 である．すなわち，圧

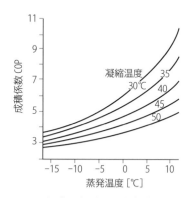

図 8.4 ヒートポンプの実用の成績係数の例(暖房)

---

† COP はある一定の条件で運転したときの性能ポイントであるので，より使用状態に近い 1 年を通じた省エネルギー性の評価として **APF**（通年エネルギー消費効率，annual performance factor）の値が近年用いられている．

$$\text{APF} = \frac{(冷房期間 + 暖房期間)で発揮した能力[\text{kWh}]}{(冷房期間 + 暖房期間)の消費電力量[\text{kWh}]}$$

縮機で消費した仕事量(入熱)の約4倍の熱が，高温の熱源側に放出されることになる．

導入効果としては，たとえば河川水利用のヒートポンプシステムに対して，従来の空気熱源方式と比較して，年間の電力消費量が20～30%削減，また従来のガスボイラシステムと比較して約40%の一次エネルギーの削減がなされたとの例[1]がある．今後ますます需要が増大していく民生用の冷暖房，給湯などに対応したシステムであり，熱源の水質や環境管理の必要性から公益事業である地域熱供給システムに適している．しかし，設備が必要となるので，都市ガス料金に比べると，初期投資や運転費用を含めた熱利用コストはまだ高く，一層の低コスト化が望まれている．

8.4 温度差エネルギーの実施例

東北地方で初の下水熱の利用事例，およびわが国で最初に稼働した海水温度差利用事例を，次の8.4.1項，8.4.2項に示す．

8.4.1 未処理下水＋変圧器排熱の利用（盛岡地域冷暖房システム）

特徴　熱源として，冬期平均12℃，夏期25℃の比較的一定した水温の未処理下水を利用する．図8.5に示すように，下水はポンプ場で熱媒体の水と熱交換し，熱交換された水はビル地下に設けられたセンターまで搬送される．この熱源をヒートポンプを用いて加温または冷却して温水は48℃，冷水は7℃で需要家に供給される．温水利用の場合には，同じく未利用エネルギーの変電所の排熱も利用できる．効果として約30%のエネルギー削減が期待されている．

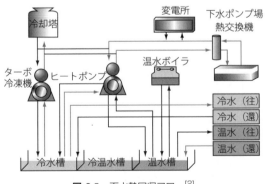

図 8.5　下水熱回収フロー[2]

概要
- 熱供給区域：盛岡駅西口地区 7.1 ha
- 供給熱源：温水 48°C，冷水 7°C
- 熱源機器：水熱源ヒートポンプ 400 USRT[†] × 2 台，電動スクリュー冷凍機 110 USRT × 1 台，温水ボイラ 5815 kW × 1 台，蓄熱槽 4120 m^3，輸送導管：456 m × 4 条（温水，冷水），熱源水管：939 m × 2 条（下水熱の輸送）

8.4.2 海水利用（大阪南港コスモスクエア地区熱供給）

特徴
- 海水を熱源機器の熱源および冷却用に利用し，取水した海水はプレート式熱交換器で淡水と熱交換し，冷温熱製造用のヒートポンプおよび蒸気吸収式冷凍機の熱源や冷却用として使用する．海水の取水量は最大 1 万 3000 m^3/h である．
- 氷，冷水，温水または冷温水同時取り出し可能な多機能ヒートポンプを採用．
- 深夜電力を利用して電動ヒートポンプを稼働し，氷蓄熱（アイスバンク方式蓄熱槽 7325 USRTh × 4 基）し，昼間は熱交換によって冷水として使用し，電力のピークシフトを図る[†]．
- ガスタービンコージェネレーションによってプラントの使用電力の一部をまかなっている．

概要
- 熱供給区域：大阪南港コスモスクエア地区 約 21 ha，延床面積約 73 万 m^2
- 供給熱媒：冷水，温水，蒸気
- 想定熱負荷：冷熱…約 78 MW，温熱…約 38 MW，年間熱需要…約 163 GW/年
- 熱源機器：ガスボイラ，蒸気吸収式冷凍機，蒸気吸収式例温水機，電動ヒートポンプ，氷蓄熱槽，ガスタービン発電機

8.5　雪氷冷熱エネルギー

8.5.1 雪氷冷熱エネルギーの概要

近年，自治体などが中心となって，冬期に蓄えた雪氷を農産物の保冷や公共施設などの冷房用冷熱源として夏期に利用する取り組みが始まっている．2002 年には雪氷冷熱エネルギーが総合資源エネルギー調査会でバイオマスエネルギーとともに新エネルギーとして位置付ける政令改正がなされ，2011 年には「雪氷グリーン熱証書」制度

[†] 冷凍トン　1 USRT = 3.52 kW

がスタートした．従来，わが国の降雪量は年間 500～900 億 t といわれ，北海道や東北を中心とした積雪地では雪や氷は交通阻害など社会活動を防げる「厄介物」として扱われてきた．しかし，近年，雪氷冷熱エネルギーが地産池消，地域振興，町おこし等への観点からも注目されている．

雪あるいは氷は，きわめて利用価値の高い冷熱エネルギーであり，雪や氷 1 t あたりの冷熱エネルギーは原油量に換算すると，7～10 L に相当するといわれている．その根拠は次のようである．

冷熱源の蓄熱量は，有効蓄熱効率を 90% とすると，氷の融解熱（または凝固熱）= 333.5 J/g から氷 1 t あたりに対する蓄熱量は，

$$\text{蓄熱量} = 1000 \text{ kg} \times 333.5 \text{ kJ/kg} \times 0.9 = 300.2 \times 10^3 \text{ kJ} = 300.2 \text{ MJ}$$

一方，冷凍機を利用してこの冷熱を発生させるのに必要な圧縮機への推定投入熱量は，成績係数 COP = 2～3 の場合，

$$\text{投入熱量} = 300.2/(2\sim3) = 150.1\sim100.1 \text{ MJ}$$

氷 1 t の冷熱エネルギーを，冷凍機を稼働させるのに必要な発電所の燃料（原油）に換算すると，発電効率 0.38 として次のようになる．

$$\text{原油量} = \frac{(150.1\sim100.1) \text{ MJ}}{38.2 \text{ MJ/L} \times 0.38} = 10.3\sim6.9 \text{ L}$$

8.5.2 雪氷冷熱エネルギーの導入実績

2010 年 3 月現在の日本の雪氷冷熱施設などの導入状況を，表 8.2 に示す．全国に 140 の雪氷熱の利用施設が稼働し，南は鳥取県まで導入されているが，全体のほぼ半分は北海道である．雪氷利用量の規模は図 8.6 に示すように，100 t 未満が 45% を占める．

8.5.3 システムの種類

雪氷冷熱エネルギー利用は，雪冷蔵（温度 0～5°C，湿度 90% 以上，雪室型や氷室型など昔から雪国で利用）と雪冷房（温度 5～15°C，湿度 60～70 %，冷水や空気で循環させる方式，空調設備に利用）に大きく分けられる．さらに，人工凍土方式など図 8.7 に示す四つに区分される．

(a) 雪室・氷室 倉庫に貯蔵された雪氷の冷熱を動力を用いず，自然対流（たとえば，5 cm/s）させることで，野菜などの貯蔵保存を行う．一年中 1～3°C で，湿度も 90% 以上で安定し，多くの農産物に非常に良い貯蔵条件を備えている．

8.5 雪氷冷熱エネルギー

表 8.2 雪氷冷熱施設と雪氷利用量[3]

施設種類	施設数	雪氷利用量 [t]	原油換算 [kL]	導入可能雪氷量 ×10⁴ [t]	利用割合 [%]
農業施設	76	41524	403	2856	0.145
公共施設	26(1)	10325	100	895	0.115
住宅	10	650	6	7364	≒ 0
産業施設	22(5)	142057	1377	5300	0.27
合計	134(6)	194536	1886	16415	0.12

*1 表中施設数の ( ) は雪氷利用量が把握できない施設数を示す.
*2 導入可能雪氷量は, 積雪地域の全施設に雪氷冷熱エネルギーを導入した場合の物理的限界潜在量として試算したものである.

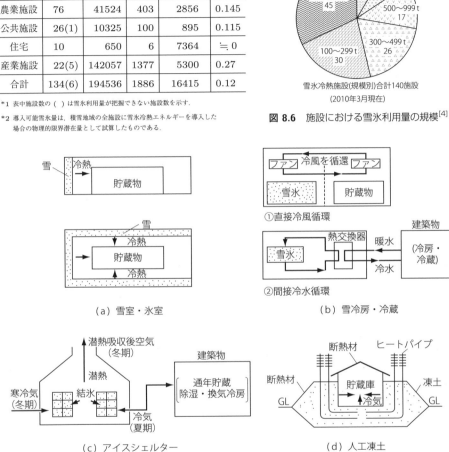

図 8.6 施設における雪氷利用量の規模[4]

図 8.7 雪氷冷熱エネルギー利用システム

(b) 雪冷房・冷蔵 倉庫などに貯蔵された雪の冷熱を強制循環させ, 温度制御も行って直接もしくは間接に熱交換する. 米などの大規模低温貯蔵施設やマンション, 介護施設, 公共施設などの冷房に利用される. また, 冷凍機の運転効率を高めるための冷熱源としても応用されている. 雪氷冷熱の熱交換の方法によって次の二つの方式がある.

(b-①) 直接冷風循環システム 貯雪氷庫と貯蔵室の間を送風機を用いて空気循環

させる．貯蔵室から戻った暖かい空気は雪氷表面に直接接触し，再度冷却される．また，外気を取り入れることによって，温度と湿度の両方の調整ができる．空気中の塵芥や水溶性ガスが雪氷に吸着（アンモニアガスで約60%）されるので，高い清浄効果が期待できる．

(b-②) 間接冷水循環（融解水）　雪が融けた冷水を直接に循環させて，あるいは貯雪庫にパイプを配管して不凍液などの液体を循環させて，熱交換器を通して冷熱を回収する方式で，還り水（暖水）は雪氷によって冷水にされる．

(c) アイスシェルター　冬の寒冷な外気によって自然氷を作り，水と氷が混ざり合った状態にして空気を流すと，空気は温度 0°C で湿度の高い状態となる．この空気を利用して農水産物などを通年貯蔵したり，建物を除湿・換気冷房するシステムである．

(d) 人工凍土（ヒートパイプ）　冬の冷たい外気を利用し，ヒートパイプを用いて，土壌を凍らせて人工凍土を生成させて，その冷熱を農産物の長期低温貯蔵に利用する．また，ヒートパイプを用いて土壌の代わりに水を凍らせて氷を生成し，建物の冷房源として活用する「冬氷システム」方式も導入されている．

8.6　雪氷冷熱エネルギー利用技術

8.6.1　雪冷房・冷蔵

　雪や氷は大気圧下では 0°C で融解し，その際に 1 g あたり 333.5 J（79.7 cal）の潜熱（融解熱）を吸収する．すなわち，雪や氷は冷熱源として，同一質量 1 g の水を 1°C 変化させるのに必要な顕熱（約 4.2 J = 1 cal）に対して，約 80 倍もの大きな冷熱能力をもっている．

冷熱採取　数百 t を超えるような貯雪量の場合には，ロータリー除雪車によって，貯雪庫内へ直接投入する．この方法では，0.5 t/m³ 程度の雪を 1 日 1000 t 程度投入可能である．

貯蔵（雪）と雪山　少なくとも 8 月，9 月頃まで雪が残っている必要性から，貯雪庫や貯蔵倉庫では 100～200 mm 厚さの断熱材を設けるが，地下に設置する場合には土の断熱性が良いので，必ずしも断熱材を必要としない．たとえば，広い敷地があり周辺環境に影響を及ぼさない場合，高さ 25 m の雪山の表面に断熱材として樹皮のチップ材や籾殻（もみがら）35 cm を敷き，籾殻の飛散を防ぐために，麦わらで覆った例がある．4 カ月半経過した 9 月上旬の高さで 1.5 m しか融けておらず，初雪を迎える 10 月でも融解高さは 2 m を超えず，簡単な断熱構造で 9 割の雪を残すことができた．

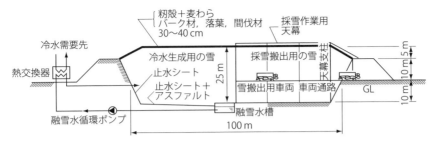

- 貯雪容積 = 100 m × 100 m × (25 − 5)m = 20万m³
- 貯雪量 = 10万t
- 省エネルギー効果 = 200Lのドラム缶6000本相当の灯油節約
- 環境保全効果 = 3500tのCO_2削減

図 8.8 大規模排雪・貯雪場の構造[5]

この 10 万 t 規模を想定した沼田式雪山の構造を，図 8.8 に示す．10 万 t の雪が保存されると，灯油換算で約 6000 本のドラム缶(200 L/本)の省エネ効果および 3500 t の二酸化炭素が削減できる．

輸送方式　雪の冷熱の輸送方式には，熱輸送媒体と熱伝達形式による方法がある．

①熱輸送媒体による方法　冷風または冷水によって輸送する．貯雪場所と冷熱利用場所との距離が 100 m 程度までであれば，冷風(空気)輸送が，設備，制御の容易さや雪表面のフィルター効果から好適である．これ以上の距離では，単位容積あたりの冷熱量の多い冷水，もしくは容積 10%程度のシャーベット状の雪を含んだ雪氷輸送が適している．

②熱伝達形式による方法　自然対流と強制対流方式がある．たとえば，氷室のように冷熱を使用する場所に隣接して雪を貯めることができ，農産物の貯蔵庫のように熱負荷が小さい場合には，自然対流の運用が可能となる．自然対流型の氷室内の温度差は 1～1.5°C 以下である．送風機による強制対流の場合には，できるだけ風速を下げる．とくに，農産物貯蔵倉庫では庫内に温度成層を形成させて，水平方向の温度むらを極力少なくすることが必要とされる．また，鉛直方向の温度差を 3°C 以下にすると，湿度むらも相対湿度 10%以下と農産物貯蔵条件の範囲内に抑えられる．

雪冷房システムの基本形式　輸送媒体として冷水または冷気を用いるか，熱交換方式が直接か間接方式かによって，図 8.9 に示す五つの基本形式に分類される．図(a)の(iii)の直接冷風循環方式(全空気循環方式)は，システムが簡単で集中制御が容易である．しかも，融解していく 0°C の雪表面で水溶性ガスや塵埃を吸収，吸着するフィルター効果が期待できるなどの特徴がある．しかし，集合住宅では冷風ダクトを介した音伝播の問題が生じる．このために融解水が利用され，直接利用(図(a)の(i)，

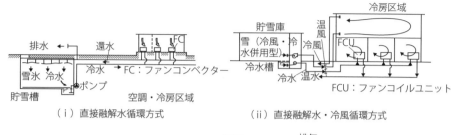
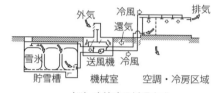
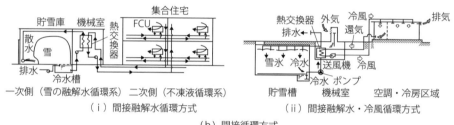

図 8.9 雪冷房システムの熱輸送方式[5]

（ⅱ））や，熱交換器を介して冷水を循環させる間接循環方式（図(b)の（ⅰ））が提案されている．冷水循環では音や臭いなどのプライバシーが保護でき，空気を循環させないので，病院などの院内感染防止が可能という特徴はあるが，湿度制御に工夫を要するなどシステムが若干複雑になる．

8.6.2 アイスシェルターによる蓄冷

(1) 基本原理

氷から水へは，融点 0°C で 333.5 J/g（79.7 cal/g）の熱を吸収し，逆に水から氷へは凍結点（0°C）で同じ熱量を放出する．アイスシェルターは，この氷の融解作用で夏場の気温を下げ，製氷作用で冬の気温低下を防ぎ，農産物などの貯蔵や建物の除湿・換気冷房を通年から半永久的に行わせるものである．

図 8.10 のように，アイスシェルター内で，（ⅰ）初冬から凍結を開始し，冬期に氷を蓄積，（ⅱ）氷が初春～夏～初冬にかけての暖かいときに熱を吸収して融解，（ⅲ）初

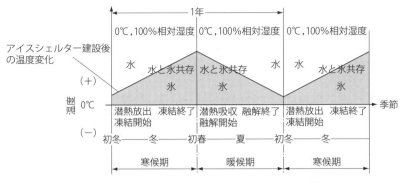

図 8.10 アイスシェルターの水量，氷量の経年変化[6]

冬から再び凍結を開始，というサイクルを繰り返す．このとき，水と氷が共存できる環境を維持することで通年 0°C，湿度 100%近くの低温，高湿度の空気環境が形成できる．

(2) 冷熱採取

a) 適正貯蔵水量の設定

アイスシェルターを通年使用する場合，庫内にはつねに水と氷の共存状態が必要である．この必要貯水量(農産物貯蔵)は，氷の融解潜熱 333.5 kJ/kg として，次の熱バランスから求められる．

$$
\begin{aligned}
&必要貯水量\,[\mathrm{kg}] \times 潜熱\,333.5\,[\mathrm{kJ/kg}] \\
&= 熱貫流率\,[\mathrm{kW/(m^2 \cdot K)}] \times 建築物表面積\,[\mathrm{m^2}] \times 平均温度差\,[\mathrm{K}] \\
&\quad \times 貯蔵期間\,[\mathrm{s}] + 作物呼吸熱量\,[\mathrm{kJ}] + 機器発熱量\,[\mathrm{kJ}] \\
&\quad + 換気・気密損失量\,[\mathrm{kJ}] \quad\quad\quad\quad\quad\quad (8.4)
\end{aligned}
$$

式 (8.4) において，熱貫流率は断熱材の熱伝導率÷断熱材厚さで求める．断熱材の熱伝導率と作物呼吸熱量の参考値を，表 8.3 に示す．

b) 貯氷コンテナの容積，空隙率

コンテナに貯蔵した水に寒冷期の冷気を当てて結氷させるが，水の容量が大きすぎると結氷が進まないので，適正な規模のコンテナとする．一般に，平均気温が高い地域ではコンテナ容量を小さくし，大きな空隙率で放熱係数を大きくする．反対に，平均気温が低い地域ではコンテナ容量を大きくし，空隙率も小さくできるので，貯氷量を大きくすることができる．

表 8.3 熱伝導率,作物呼吸熱の値(例)

種類	熱伝導率 [W/(m·K)]
空気	0.022
PC コンクリート	1.51
普通コンクリート	1.40
モルタル	1.51
プラスター	0.79
石こう版	0.17
しっくい	0.74

種類	作物呼吸熱 [kJ/(t·h)]
馬鈴薯	21
梨	50
アスパラ	420

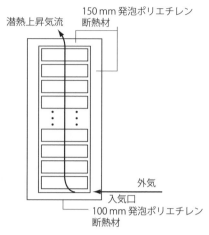

図 8.11 実験概念図[5]

c) 製氷過程

アイスシェルター実用化研究会が帯広で行った製氷実験(2000 年)の例[5]を紹介する.図 8.11 に示すように,直径 6.1 m,高さ 3.6 m,容積約 100 m³ のアイスシェルター内に,250 L の貯氷コンテナを数 cm の空間を作って 200 個積み上げた.2000 年 2 月 5 日から実験を開始し,自然換気により冷凍・製氷を行い,シェルター内のすべての水(約 48 t)が 3 月 10 日までの 29 日間にすべて氷となった.期間中の外気温は 2 月中の日平均気温(日最高気温と最低気温の平均)で -5〜-1.5°C で推移し,3 月に入ってからは徐々に上昇したが,期間中は平均気温でマイナスの状態にあった.

この間の日平均放出潜熱量は,凍結融解時潜熱量を 333.5 kJ/kg として,$Q = (333.5 \text{ kJ/kg} \times 48000 \text{ kg})/29$ 日 = 552000 kJ/日 であり,熱出力 2 万〜2.5 万 kJ/h,すなわち 5.6〜7 kW の小型ストーブを一日中つけた熱量に相当する.結氷時の潜熱放出による自然上昇気流の発生は,省エネルギー製氷,いわゆるタワー方式のアイスシェルターの有効性を示している.このタワー方式のアイスシェルター内の製氷速度を上げるためには,潜熱発生による上昇気流を大きくする工夫が必要とされる.

d) 貯蔵貯氷方式

貯氷コンテナを貯蔵物と同一建物内に収容する方式と,別の専用建物に収容して冷気を取り出す冷気貯留方式がある.これらの貯氷方式はその利用目的によって選択され,より細かな温度・湿度調節を必要とする場合には,専用の建物による冷気貯留方式が優れている.

e) 冷気貯留方式におけるシェルター内温度分布

アイスシェルター内の温度分布は上部が高く，氷は上部から融けていく．シェルター内の空気温度を均一にするためには，冷気の給排気方式の違いを調べる実験によって，下部吸気・上部排気がもっとも均一に融ける傾向のあることが確かめられている．しかし，どの方式も上部と下部で氷の融解速度にばらつきが見られ，今後の課題となっている．

f) 輸送

貯蔵物と貯氷コンテナが同一建物内にある場合　　冷風を自然にあるいはファン（強制）によって対流させる．貯蔵物の凍結対策としては貯氷室と野菜貯蔵室の間に凍結防止製氷室を置き，室を完全凍結とせず，野菜貯蔵室への送風冷気を0°C以上に保つ．また，野菜貯蔵室に隣接して防露温度調整用の部屋を設置する場合がある（図8.12，北海道愛別町の野菜100 t の貯蔵システム）．

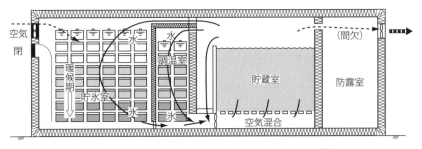

図 8.12　愛別町の自然氷利用長期野菜貯蔵庫システム[5]

冷気貯留方式の場合　　冷気は温度が低いため，直接室内に吹き出せば過乾燥や外気が室内に侵入するドラフトの発生，あるいは吹き出し口付近で結露の危険性がある．このため，二重壁やフリーアクセスフロアー，天井裏空間などを利用した輻射冷房と空気冷房の組み合わせによってアイスシェルターの特性を引き出し，少ないエネルギー消費量で快適性の高い冷房空間を実現する．

8.6.3　人工凍土（ヒートパイプ）による冷熱採取・蓄冷

ヒートパイプの原理，およびヒートパイプ式地中低温貯蔵庫の概念を図8.13に示す．重力を利用して液の還流を行う**ヒートパイプ**は，サーモサイフォン式ヒートパイプとよばれる．パイプ内の作動媒体が蒸発，凝縮することによって蒸気，液状態に相変化し，冷熱を奪い，外部に熱放散する．冬期に外気温度が0°C以下になると，ヒートパイプは土壌から熱を吸収して，作動流体は蒸発し凝縮部で熱を大気に放出する．そのために，ヒートパイプ周辺の土壌は冷却・凍結する．春以降気温が上昇しても，

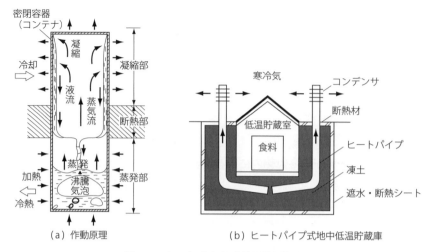

図 8.13 ヒートパイプの作動原理と適用例

大気中から地中には熱輸送されないので,凍土は長期間保存される.すなわち,相変化をともなう熱輸送であるから,銅,銀,アルミニウムなどの金属による熱伝導と比較して熱輸送能力が高い.

ヒートパイプの作動状況は次のようである.
（ⅰ）ヒートパイプの上部温度が下部温度より低くなると,下部の熱により作動液体が蒸発し,気体となり,上部より圧力が増す
（ⅱ）上下部の圧力差により,気体は上部に移動する.
（ⅲ）上部が冷熱に曝されることにより,気体が凝縮して液体に変わる.
（ⅳ）冷却された液体は,重力によって下部に移動する.
（ⅴ）冬期の間,上記（ⅰ）～（ⅳ）を繰り返すことによって,ヒートパイプ周囲の熱が汲み上げられる.

以上の過程（ⅰ）～（ⅳ）を連続的に行うことで効率的な熱輸送が可能になる.

8.6.4 貯蔵

凍土による低温貯蔵システム（人工凍土システム）は,ヒートパイプの優れた特性を利用し,冬季の寒冷気候を利用して土壌を深くまで凍結させ,その土壌内に農作物を長期的に貯蔵できるようにしたものである.また,冬氷システムでは蓄熱槽に吸水性ポリマーや水を蓄熱体として凍結し,貯冷する.

人工凍土システム　　人工凍土システムの実証化研究が帯広畜産大学で行われ,凍土の形成状況,貯蔵庫の庫内温度状況などにつき良好な結果が得られている.その実証

試験施設は 1987 年末に作られ，図 8.14 に示すように，貯蔵庫の周囲に約 2 m の人工凍土層を形成し，その外表面は遮水・断熱加工されている．216 本のヒートパイプは外径 46 mm，平均長さ 12 m のコルゲート管で，0.5 m 間隔で貯蔵庫周囲に 4 列敷設されている．ジャガイモなどの約 7 t の農産物を中に入れ温度変化を測定した結果，湿度 80% 以上の高湿度環境がつねに保たれた．ヒートパイプの温度は冬の作動時低温となるが，夏季の停止時は凍土とほぼ同じになる．凍土地盤の経年変化では，貯蔵内壁からもっとも遠い 150 cm の地温はいずれもマイナスとなって永久凍土化していた．

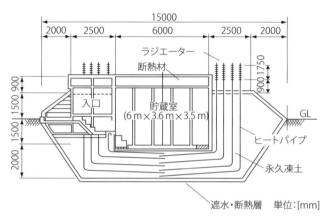

図 8.14 帯広畜産大学ヒートパイプ式凍土低温貯蔵倉庫の構造[5]

冬氷システム　凍土化する代わりに，吸水性ポリマーや水を蓄熱体として蓄熱槽に蓄え，凍結させ，蓄冷させる．

8.6.5 雪氷冷熱エネルギーの今後の課題

導入にあたって，最大の課題は低コスト化で初期投資の抑制が鍵となる．

- 全般に初期コストは電気冷房システムに比べて 1.5〜2 倍，ランニングコストは 1/3〜1/5 となるが，トータルコストは若干割高傾向である．導入普及への最大の課題は低コスト化である．さらに，収集・輸送費の削減（地産池消）やシステムの大規模化による熱吸収コストの削減が望まれる．さらに，貯蔵や熱交換の高効率化を目指して，雪氷の保管量や出し入れの方法，熱量の評価などの技術開発要素のデータ蓄積・解決が望まれている．
- 低温の環境は，農水産物の貯蔵や建物の冷房の利用以外に，酒類の醸造，有用微生物の培養，廃棄物の処理，温度差発電，またサーバーなどの熱処理（CPU の冷却），トレーニングジムなどへの輻射熱利用，さらに畜産業や漁業など新分野への利用の可能性があり，新たな技術開発への取り組みが望まれている．

8.7 熱電発電

熱電発電(thermoelectric generation)は，次世代の再生可能エネルギーとして，注目を集めている．太陽熱，地熱，温泉熱などの自然エネルギーや，工場や発電所，焼却炉などでこれまで廃棄されてきた大量の未利用，低品位の熱エネルギーを，直接電気エネルギーとして回収することが可能となる．たとえば，定常的に排出される工場排熱などを利用して，太陽光発電よりも安価な電気エネルギーを得ることができる．

8.7.1 熱電変換

熱電変換とは，狭義には熱電素子を用いた**ゼーベック効果**(Seebeck effect)による発電を意味する．広義には熱を，主に電子（または正孔）という電荷の荷体を通じて直接変換する種々の方式をいい，ゼーベック効果以外に，加熱による電極からの電子放出を利用した熱電子発電(thermoionic conversion, TIC)や，βアルミナの特異な良導電性と温度差を利用してナトリウムイオンを駆動するアルカリ温度差電池(alkalic metal thermoelectric conversion, AMTEC)などがある．さらに，温度差がある場に磁界を導入すると荷電体が磁界の影響を受ける，熱磁気電流効果（ネルンスト効果，Nernst effect）を利用した熱電変換方法もある．ここでは，ゼーベック効果による熱電発電について説明する．

8.7.2 ゼーベック効果

ゼーベック効果とは，ある物質の両端に温度差を与えると，その両端間に電位差が生じ，起電力が起こる現象をいう．たとえば，図 8.15 に示すように 2 種類の導体 A，B（または半導体）をくっつけて閉じた回路を作り，二つの接合部を異なる温度に保つと，この間に起電力が生じて電流が流れる．この現象は 1821 年にゼーベック(T.J. Seebeck)が発見し，名前をとりゼーベック効果とよばれる．

電気を通す物質には電気を運ぶ物質（電荷キャリア，charge carrier）が詰まっていて，マイナスの電荷をもつものを電子（n 型），プラスの電荷をもつものを正孔（p 型）とよぶ．これらの電荷に熱が加わると，電荷自体の運動が活発になり，温度が下がると運動は弱くなるので，温度差が電荷の運動の差となる．その結果，図 8.16 に示すように高温部と低温部の電荷の数が異なってきて，電荷の密度バランスが崩れ，この差が電気の力（起電力）を生む．この効果の大きさは温度差と導電体の種類によって決まる．

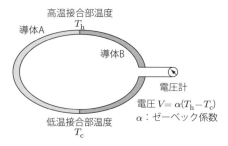
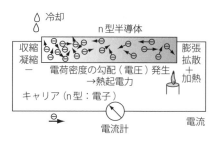

図 8.15 ゼーベック効果の基本　　　図 8.16 ゼーベック効果の適用

この熱によって生まれる発電可能な熱電能は，次式のように表される．

$$電圧\ V = \alpha(T_h - T_c) \tag{8.5}$$

ここで，α は**ゼーベック係数**とよばれ，単位温度差あたりに発生する起電力の大きさ [V/K] である．すなわち，起電力は，高低の温度差 $(T_h - T_c)$ とゼーベック係数 α および直列に接続された素子の数に比例する．ゼーベック効果はすべての物質で起こるが，一般に金属の $\alpha =$ 数〜10 数 μV/K に対して半導体では起電力が大きく，$\alpha = 100$〜数 100 μV/K である．

8.7.3 熱電発電の特徴

熱電発電の特徴は，次のようである．
- 駆動部がないので，振動がなく騒音もない．
- 構造が単純，小型軽量で，メンテナンスフリーでユニット化しやすい．
- 変動に対応しやすく，応答性が良い．
- 効率が設備の規模にほぼ無関係なので，順次積み上げて大電力化していくことが可能である．
- 200 K 程度の低温から 2000 K の高温の幅広い温度域熱源に対応できる．未利用エネルギーや自然エネルギーを利用するため，新規の熱源を必要としない．液化天然ガス，雪・氷などの冷熱源からも発電可能である．
- 単位表面積あたりの発電量は太陽光発電の数倍〜数十倍が可能である．熱電発電の場合約 1 W/cm^2 で，太陽電池の 0.01 W/cm^2 より大きい．

欠点は，効率が低い，普及していないために高価である[†]ことである．ただし，半導体産業と同様に大量生産が可能なモジュール構造なので，コストは今後の展開規模による．

[†] 熱電発電システムコストは，温度差に依存するが，現在の太陽光発電システムコスト 80 万円/kW に比べて，1.3〜2.5 倍程度と試算されている[7]．

8.7.4 熱電発電のしくみ

(1) 構成

熱発電システムは，大きく次の三つの要素から構成される．

- **熱電素子**(thermoelectric element)
- 高温熱源から熱発電部に熱を渡す高温側熱交換器と，熱電素子からの熱を放熱する低温側熱交換器
- 生じた電力を負荷や系統に送るため，電圧・電流を調整する電力変換装置(パワーコンディショナ)

熱電素子から構成されている熱電発電部は，図 8.17 のように，n 型(キャリアは電子)と p 型(キャリアは正孔)の 2 種類の導電体を電極を介して直列につなぐ(これを熱電素子対とよぶ)．熱の流れは p 型も n 型と同じ方向に流れるように配置する．これが熱電変換システムの基本であり，一つ一つの素子の起電力は小さいので，多数集合させて一つの**熱電モジュール**を構成させる．

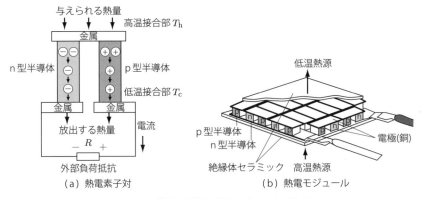

図 8.17 熱電素子対と熱電モジュールの構成

したがって，たとえば 1°C の温度差をこの熱電素子対に加えて，起電力が約 0.4 mV 得られたとすると，この素子対を 100°C の温度差で直列に 100 個接続した場合，0.4×10^{-3} V/°C × 100 °C × 100 個 = 4 V の起電力が得られる．温度差が 200°C になれば，起電力も 2 倍の 8 V となる．このように，実際には 1 個の熱電素子で得られる電圧は小さいので，複数の熱電素子を直列につないで高電圧出力を得るようにする(熱電モジュール)．

熱電素子の 2 種類の導電体の組み合わせとして，一般に使用温度範囲によって次の材料が用いられている．

（ⅰ）常温〜500 K：ビスマス・テルル系(Bi-Te 系)

(ⅱ) 常温〜800 K：鉛・テルル系(Pb‒Te系)
(ⅲ) 常温〜1000 K：シリコン・ゲルマニウム系(Si‒Ge系)

熱電材料の選択にあたっては，変換性能や熱的安定性，さらに環境への配慮や電極構造，被覆技術などの周辺技術も十分に考慮することが必要である[8].

材料の性能評価としては，一般に次の**性能指数** Z [1/K]が用いられる.

$$Z = \alpha^2 \cdot \frac{\rho}{k} \tag{8.6}$$

ここで，α：ゼーベック定数[V/K]，ρ：電気伝導率(導電率)[1/(Ω·m)，S/m] (ここでSはジーメンス)，k：熱伝導率[W/(m·K)]である.

この Z が大きいほど優れた熱電材料となるが，動作温度にも依存するので，性能指数 Z に動作温度 T [K] を乗じた ZT がよく用いられる．したがって高性能の材料には，熱伝導率が小さく，導電性の良いことが必要であり，実用化の目安として $ZT \geqq 1$ が用いられている．

(2) 熱電変換効率とシステム効率

熱電変換技術を実用化する場合，熱エネルギーをいかに効率よく電気エネルギーに変換するかが重要となる．**熱電変換効率** η とは，システムにおける入出力や各損失を示す図8.18において，次式で定義される.

$$熱電変換効率 \eta = \frac{モジュールの発電電力量 P_\mathrm{m}}{モジュールの発電電力量 P_\mathrm{m} + モジュールの放熱量 Q_\mathrm{mc}} \tag{8.7}$$

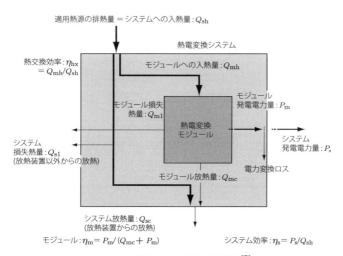

図 8.18 熱電変換システム概念図[8]

ここで，熱電変換効率は一般に入熱量と電気出力の比で定義されるが，現在では15%程度までのものが開発されている．実際には，変換モジュール単体のほかに筐体に回路や各種部品を組み込んで使用するので，次のシステム効率が用いられるが，熱損失や電力変換ロスの発生から**システム効率**は10%以下と低く，高効率化が望まれている．

$$\text{システム効率} = \frac{\text{システム発電電力量}}{\text{システムへの入熱量}} = \frac{P_\text{s}}{Q_\text{sh}} \tag{8.8}$$

8.7.5 用途

熱電発電の用途としては，表8.4に熱源別に示される[9]．これらの熱回収レベルが上がれば，社会システム全体のエネルギー消費の大幅な低減につながる．たとえば自動車の場合，わが国の年間排熱量は190 TJ（190 × 10^9 kJ）と見積もられているが，熱電発電で10〜20%回収できれば，それぞれ2000万〜4000万tのCO_2削減（これは

表 8.4　熱源の種類による熱電発電の用途（熱電発電の実用化の現状）[9]

熱源	用途
崩壊熱など	●惑星間探査機用電源（RTG など）
燃焼熱	●無線中継基地局電源
	●パイプライン腐食防止用電源
	△被災地緊急電源
	●軍用可搬型電源
	●モスキートマグネット（LP ガス利用）
	●ミニチュア発電器（ろうそくラジオ）
	※モバイル機器用マイクロジェネレータ
燃焼排熱	△大型トラック DE 排ガス発電
	△大型高速バス DE 排ガス発電
	△コージェネレーション DE 排ガス発電
	△小型廃棄物焼却炉煙道発電
	●室内空気循環装置（煙突利用）
機器排熱	△工業炉（抵抗加熱式など）排熱発電
	△変圧器熱回収発電
	△プロジェクタ熱回収発電
	△コードレスファンヒータ
	△風呂釜温度制御装置
体温	●熱電腕時計
	△心臓ペースメーカ用電源
その他	●赤外線センサ
	△水素センサ

注）段階：●製品・実用化，△開発・試作，−基礎研究

わが国の乗用車の 2005 年度の CO_2 排出量約 2.3 億 t の 9～17%に相当)が図れると試算されている[6].

8.7.6 実用化事例と開発の動向

経済産業省主導による「高効率熱電変換システムの開発」プロジェクトが 2002 年からスタートし，最終目標として熱変換モジュールの高温と低温の電極間温度差 550°C のときにエネルギー(熱電)変換効率 15%(2006 年)を達成する目標のもと，産業用と民生用の排熱を利用した熱電変換システムの実用化技術の確立が図られた．研究開発チームは公募によって決定され，熱電変換モジュールとシステムの同時開発が行われた．その後も経済産業省による技術開発プロジェクトは進められ，2013～2022 年末利用エネルギー革新的活用技術研究開発として「高性能熱電材料の開発」で，目標を「$ZT = 2～4$，室温 400°C」としている．一方，文部科学省所管の戦略的創造研究推進事業「高効率熱電変換材料・システムの開発」などの基礎研究も実施，連携している．

(1) 高効率熱電変換モジュールの結果

高効率熱電変換モジュールの研究開発テーマの目標を表 8.5 に示す[8]．高効率熱電変換モジュールの開発においては，高効率熱電変換材料の開発，熱電変換素子と電極間の接触熱抵抗の低減，最適温度域の異なる熱電変換素子からなる複数のモジュールによるカスケード化による効率向上を図った．すなわち，表 8.5 に示すように，(ⅰ) 高温域熱電変換モジュールおよびカスケード型熱電変換モジュール，(ⅱ)低温域熱電変換モジュールの開発を行い，それぞれモジュールの両端温度差 550 K において最終目標効率 15%の達成効率の目処を得た．従来モジュールの変換効率と本プロジェクトで達成された成果を比較すると，ほぼ従来の 2 倍，とくに高温域では約 3 倍の高性

表 8.5　高効率熱電変換モジュールの個別研究開発テーマの目標[8]

分類	高効率熱電変換モジュール	目標値	
		使用温度域 T_H～T_L (ΔT)	効率[%]
高温域熱電変換モジュール&カスケード型熱電変換モジュール	① Zn-Sb/Bi-Te カスケードモジュールの開発	450～50°C，723～323 K，(400 K)	11.0
	② Co-Sb/Bi-Te カスケードモジュールの開発	427～27°C，700～300 K，(400 K)	11.5
	③シリサイド系/Bi-Te カスケードモジュールの開発	580～30°C，853～303 K，(550K)	15.0
低温域熱電変換モジュール	① Bi-Te	200～50°C，473～323 K，(150 K)	5.3
	② Bi-Te	130～30°C，403～303 K，(100 K)	4.2

能を実現している．

(2) 高効率熱電変換システム

高効率熱電変換システムの研究開発テーマの目標値や結果を表8.6に示す[8]．高効率熱電変換システムにおいては，プロジェクトの最終目標の「高効率熱電変換モジュールを用いたシステムを実証し，実用化技術を確立する」ために，経済性，信頼性を含めたシステム試作と評価が行われた．ここでは，（i）電気抵抗式加熱炉排熱を熱電変換で回収し，計測用補機電力および電気炉加熱電力に投入する，（ii）ディーゼルエンジンおよびガスエンジン型コージェネ排気ガスの熱エネルギーを回収，電気エネルギーに変換して，総合変換効率を高める，（iii）プロジェクター用ランプ排熱を熱電変換で回収，冷却ファンを駆動による省エネと使用停止後のクールダウン時の省エネを図る，（iv）変圧器など社会インフラ関連機器の未利用低温排熱を回収し，電気エネルギーに変換し，計測用など補機電力などに利用する，の四つの産業，民生用のテーマの開発を行った．その結果，システム効率として最大10%の効率を達成し，実証または実験室レベルでの目処を得た．

表 8.6 高効率熱電変換システムの個別研究開発テーマの目標値[8]

分類		高効率熱電変換システム	最終目標値	結果
産業用	①	抵抗加熱式工業炉用熱電変換システムの開発	●モジュール端温度 600°C（873 K）～50°C（323 K）の輻射伝熱環境下で，ユニット効率 10%	●ユニット* 効率 7.4%実証 ●ユニット効率 10.2%目処
	②	ディーゼルエンジンコージェネレーション向け高効率熱電変換システムの開発	●熱交換器効率 77% ●高温源 500°C（773 K）～低温源 50°C（323 K）の条件下で，システム効率 4.3% 発電出力 3.0 kW	●熱交換器効率 79.9%実証 ●システム効率 4.3%実証
	③	低温排熱（変圧器用等）回収熱電変換システムの開発	●社会インフラ関連機器への適用熱電変換システムとして，3.0%の目処を確立．コスト面では低温の排熱回収システム 89万円/kW（温度差 100°C）の目処を確立．	●システム効率 2.2%実証 ●システム効率 3.0%目処
民生用	①	プロジェクター光源排熱利用熱電変換システムの開発	●遮光板裏面設置：高温源 150°C（423 K）～低温源 50°C（323 K）の条件下で，システム効率 3.2% ●プロジェクタレフ外壁面設置：高温源 200°C（473 K）～低温源 50°C（323 K）の条件下で，システム効率 4.5%	●システム効率 3.2%実証 ●システム効率 4.5%実証

＊ユニット：熱電変換システムの最小単位

8.7.7 今後の課題

熱電発電の今後の課題点として，(i)高効率化・低コスト化[†]，(ii)信頼性・耐久性の向上，が挙げられるが，具体的には次のようにまとめられる[8].

- 原理的にカルノーサイクルを使用する熱機関と比べると，変換効率が低い．ZT値が無限大のときには熱電素子の変換効率はカルノーサイクルと同じとなるが，$ZT=2$の場合で，カルノーサイクルの1/4程度である．さらに，熱源と熱電素子間の熱エネルギー損失が大きい．
- 多くの使用材料が金属，半導体なので，高熱下，酸素や水蒸気などの存在による酸化劣化を防止する必要がある．現在，実用化されている熱電素子の材料はBi（ビスマス），Sb（アンチモン），Pb（鉛）などの重金属を主成分とし，埋蔵量が少なく，素子を大量生産できない．用途，使用温度によって材料が異なる熱電素子やモジュールが必要で，量産が難しい．今後，原料資源の埋蔵量が豊富で環境負荷の低い金属酸化物や，希少元素を使用せず，ナノレベルの構造制御によってありふれた元素を用いた材料の開発が望まれている．
- 1素子あたりの出力電圧が小さいので，多くの直列結合を必要とし，複雑な構造となる．出力(電力)が温度差に比例して変動するので，電圧を一定とする補助電気回路を必要とする．

今後の展開として，小規模高温や比較的低温の排熱を利用した小型の発電システムや微小な電力ニーズに対して，電池に代わる電源としての可能性も大きい．

[†] 熱電発電素子の価格は，量産(200万個/年)によって100円/Wレベル程度まで下がると期待されている．

分散ネットワークシステム

この章の目的

本章では，再生可能エネルギーを用いた**分散ネットワークシステム**の基礎的な知識を得るとともに，多種多様な利活用ができるシステムの特徴を学び，地域社会と再生可能エネルギーシステムの構築のしくみと，エネルギーの最適化および電力系統との安定な接続について理解を深める．また，分散エネルギーネットワークの課題・問題を体系的に把握し，次世代エネルギー・社会インフラシステムの構築と意義を学ぶ．

9.1 分散ネットワークシステムの概要

ここまでの章で述べてきた太陽光発電，風力発電などの再生可能エネルギーは，地球環境保全にやさしい発電システムとして，普及が期待されている電源である．しかし，太陽光や風力は天候に左右され，電力の質(周波数，電圧，安定供給)の悪い電源として，電力ネットワーク事業者(一般電気事業者)には歓迎されていない．また，太陽光，風力，バイオマスは，化石燃料などに比べてエネルギー密度や電力エネルギーの転換効率も小さく，経済性に劣った電源である．そのため，事業として成立するためには，国等の行政の補助金と導入者への税制優遇措置，および天候条件などが良好な立地点での普及に留まっていた．

しかし，2011年3月に起こった東日本大震災による被害と福島第一原子力発電所の事故は，日本全国の原子力発電所の稼働停止に至り，再稼働の可否などエネルギー政策の具体的な展開が不透明な状況である．

一方，東日本大震災からの地域の活性化や，原子力発電所停止への対応策としての独立電源の確保および再生可能エネルギーのより一層の普及に向けた制度の改革などが第四次エネルギー基本計画に組み入れられ，重要政策として推進され始めた．とくに，スマートグリッドの特徴を用いた**スマートコミュニティ**の大規模実証試験など，次世代エネルギー・社会インフラの構築に向けた取り組みが日本各地で実施されて

いる.

1.6 節で述べたように，再生可能エネルギーの普及について国は制度の大きな見直しを 2012 年度に行い，再生可能エネルギーの**全量買取制度**の特別措置（電気事業者による再生可能エネルギー電気の調達に関する特別措置法）を制度化した．とくに，太陽光発電の魅力的な売電単価（2012 年度：42 円/kWh，2013 年度：38 円/kWh，2014 年度：37 円/kWh）と電力系統との連系の進展が加速度的に進んでいる．一方で，太陽光発電の急激な増加は，欧州で問題化されている系統の安定運用などと同様に，日本でも系統の安定を懸念して，電力会社が接続拒否の方針を打ち出すなど新たな問題が提起されている．

分散ネットワークシステムは，再生可能エネルギーを単独で導入するのではなく，電力系統との調和を図るための供給側と需要側の最適なマネジメントを基本としている．下記の背景のもと，普及に向けた多種多様な試みが進められている．

- 情報通信技術の進歩と価格の低減 （ⅰ）コンピュータおよび記憶デバイスの高速化と大容量化，（ⅱ）スマートメーターなどの ICT (information and communication technology) の進歩と普及，（ⅲ）ソフトウェア開発の低廉化
- 再生可能エネルギー技術の進歩と低廉化 （ⅰ）電力貯蔵装置の実用化と普及（NaS 電池，リチウムイオン電池等），（ⅱ）太陽光発電の大型化と価格の低廉化，（ⅲ）電気自動車，燃料電池などの技術進歩の促進制度
- 制度の改革 （ⅰ）再生可能エネルギー全量買取制度の実施，（ⅱ）電気事業法の大幅な改正（2016 年 4 月電力の完全自由化，2020 年から発送電分離の制度導入検討等）
- 社会情勢の変化 （ⅰ）東日本大震災からの復興と原子力発電所の停止にともなう自立電源確保の政策，（ⅱ）産油国周辺での政情不安に対するエネルギー安全保障の確保，（ⅲ）ポスト京都議定書地球温温暖化防止の目標設定など新たな取り組み環境の変化

9.2 分散ネットワークの展開

日本における分散エネルギーネットワークの先駆的な検討は，2000 年に東京海洋大学にて船舶電源を活用した防災型の SMART 研究会（SMall Advanced Regional Technology）が開かれ，産学官の専門家が集まり検討が進められた例がある．また，熱の分散ネットワークとしては，大坂ガスを中心に「隣組コージェネレーション」が集合住宅 NEXT21 にて継続的に実施された．

2000 年前後には，米国における電力の安定供給を意図とした取り組みとして**マイ**

クログリッドを米国電力研究所（EPRI：Electric Power Research Institute）が中心となり，その実証試験や計画が提案されていたがオバマ大統領のグリーンニューディール政策のもと，分散ネットワークシステムは**スマートグリッド**と名称が変わり雇用，環境などを促進する政策が実施された．

日本では，2000年からマイクログリッドの実証試験が開始され，2009年には，「スマートグリッド」の技術を活用した実証試験が国の事業として，地域，大学，家庭などを対象として，多種多様な分散ネットワークシステムが提案されそれらは**スマートコミュニティ**，**スマートシティ**，**スマートハウス**とよばれるようになった．

9.3　分散ネットワークの定義

9.3.1　マイクログリッドの定義

マイクログリッドのグリッドは「送電網（grid）」に由来している．電力会社の送電網は大規模であるので，小規模という意味でMicroGrid®と称したが，その定義は，「情報技術（information technology）によって複数の分散エネルギーと複数の負荷を双方向性をもち制御し，系統に影響を与えない（good citizen）または系統を補完する（model citizen）ことなどを基本としたエリア電力網」である．

典型的なイメージを図9.1に示すが，複数の電源（太陽光発電，風力発電，バイオマス発電，燃料電池，蓄電池など）と複数の需要家（工場，ビル，家庭）が，自営線により接続しており，その中の1点が電力会社の系統と接続しているものである．

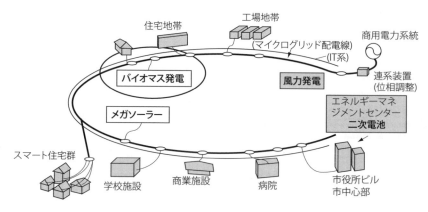

図 9.1　マイクログリッドの概念

9.3.2 スマートグリッドの定義

スマートグリッド(smart grid)は「賢い電力網」の意味で，分散ネットワークの一形態と考えられる．マイクログリッドのように1点で電力会社と連系するものではなく，複数点で広く連系するが，複数の電源と複数の需要家をICTで統括して管理するシステムである．そのため，スマートグリッドは「電力供給者と需要家とをICTを使って「見える化」する小規模送電網」と定義できる．2000年以降のコンピュータの性能向上と低コスト化，スマートメーター普及などが飛躍的なスマートグリッドの構想を後押ししたといえる．

このスマートグリッドの考え方を地域に適用したものが**スマートコミュニティ**であり，電力の安定した送電網と共存する賢い(smart)地域(community)を構築するもので，次世代型社会インフラの構想とよばれている．このスマートコミュニティのイメージを図9.2に示すが，基本的にはマイクログリッドと概念は同じである．

スマートグリッドの考え方を活用した言葉としては，家庭用の**スマートハウス**，ビルのエネルギー管理を表す**BEMS**(building energy management system)，工場のエネルギー管理を表す**FEMS**(factory energy management system)，地域のエネルギー管理を表す**CEMS**(community energy management system)などの言葉があるが，いずれもスマートグリッドの概念・技術を活用している．

スマートコミュニティは地域の環境やニーズに応じてコミュニティを構築するものであるので，一つの事例から理解するものではなく，地域の特徴を加味することが望ましい．

9.4 分散ネットワークの電力系統上の位置と特徴

スマートグリッドは，図9.3に示す既存の電力網の下流側に位置付けられるシステムである．

電力系統運用は，発電電力量と需要電力量を常時バランスさせる必要があり，このバランスが崩れると需要家の電圧の変動や周波数の変動に影響して，工場の品質管理，病院での医療機器，家庭での照明のふらつきなどさまざまな悪影響が生じる．この悪影響を回避するために，発電，送電の事故などによる急激な変動に対しては該当地域のみを停電させて広範な停電の広がりを防止して，広域の停電(ブラックアウト)による社会不安の拡大を防いでいる．

電力の送電は，送電損失を少なくするために超高圧で発電所から一次変電所に送られ，二次変電所，三次変電所を経て，安定した電力供給を行えるシステムを採用して

図 9.2 スマートコミュニティのイメージ[1]

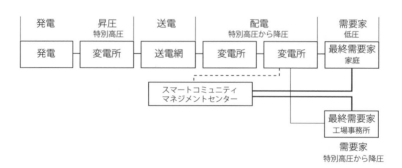

図 9.3 電力系統内のスマートグリッド

いる．このシステムは日本だけでなく，海外でも同じである．

　分散ネットワークはより需要家のニーズに立ったものであるので，日本では三次変電所の下流にある送電線(6000 V)に連系することが多い．大規模な**スマートコミュニティ**では特別高圧(2万2000 V以上)に連系する場合もある．一方，**スマートハウス**のような場合は低圧の100 Vから200 Vに連系するシステムである．分散ネット

ワークは分散エネルギーの集合（クラスター）と集合の和となるので，従来のヒエラルキー（階層的）ではなくネットワーク（網目状）に配置できる特徴をもち，電力のニーズに合わせた地域ごとの計画が容易となる．この利点は，とくに開発途上国の経済発展レベルに柔軟に対応可能で効果的である．このような電力ネットワークを基幹送電網がある程度構築していれば，分散ネットワークの特徴である，需要に見合った電力の供給を提供できるメリットが生じ，より意義が見出される．

　表9.1にその特徴を整理して示す．小規模の投資で地域に賦存する再生可能エネルギーの利活用が可能であり，開発途上国でのインフラ整備の早急な実現と柔軟な対応が期待できる．

表 9.1　分散ネットワークの特徴

項目	内容
小規模投資	電力の需要で発電するために，長距離送電線の建設または増設の必要なく多大の送電コストおよび送電損失が小さくなる．
環境性	地産池消のエネルギーの利活用が有効にできて，太陽光発電，風力発電，バイオマス発電など導入が推進され，環境性能が向上する．
地域貢献	エネルギーの地産池消が期待され，地域資源の有効利用による地域の活性化等の経済的向上の期待がある．
街づくり	ICTの見える化はエネルギーの最適管理のほかに，地域が望む高齢化社会対応等の福祉の充実など，安心，安全な豊かな街づくりの道具となる．
工場地帯のエネルギー供給	時代のニーズに合った規模のエネルギーインフラの整備が可能である．

9.5　分散ネットワークの海外輸出の動向

　前節に述べた特徴は，日本だけでなく，海外の国々にも求められる技術である．

　従来のように長期的な経済発展を予測して発電所，変電所，送電所および需要調査を事前評価するような大規模計画の検討の必要がなく，地域ごとに効果的な小さな分散ネットワークの構築を提案することができる．これは地域ニーズに合わせた小規模投資と，早期のインフラの整備が期待できるメリットがある．

　NEDOは，米国，インド，インドネシア等でスマートコミュニティの共同実証試験や事前調査等の支援を10件程度行っており，スマートコミュニティの国際標準の確立を含めて，次世代型の電力システムと電力の賢い利用法の普及を推進している．国内では柏市の「柏の葉スマートシティ」をはじめ，2015年までに九つのプロジェクトが行われている．

海外でも分散ネットワークシステムの実証試験が，同じ時期に開始され，その普及は世界的に認知された概念に定着されている．海外での主要な実証事例は，表 9.2 に示す以外に，オランダ国アムステルダム市，米国ボルダー市，アラブ首長国連邦マスダールシティなどがる．

表 9.2　NEDO スマートコミュニティの海外推進

地域	内容
米国	● 日本は米国のスマートコミュニティ実証事業参画，ニューメキシコ州ロスアラモス，アルバカーキー(2010 年～) ● 米国ハワイ州の離島向けのスマートコミュニティ実証事業を APEC 規範のプロジェクトとして，実施(2010 年～)
中国	北京市ほかエネルギー，水，交通インフラを含めたスマートコミュニティを中国と共同して実施(2011 年～)
インド	インドデリー・ムンバイ公社によるスマートコミュニティ構想のフィージビリティースタディー(実現可能性調査)を実施(2010 年～)
北アフリカ	北アフリカの豊富な日射量による太陽光・太陽熱利用の実証事業(2010 年～)

9.6　分散ネットワークの目指す目標

分散ネットワークは，太陽光発電などの分散電源の技術的信頼性と経済効果の可能性が期待できるシステムとして，2000 年前後から米国，日本，欧州での検討が行われていた．システムの基本は変わらないものの，各国の事情により，目的，利用形態などに相違がみられた．

米国における**マイクログリッド**研究の背景の一つには，米国の電力供給の信頼性に対する不安があった．とくに，2000 年に生じたカリフォルニアの電力危機は需要家や企業への不安が社会問題化して，電力供給の信頼性向上が重要な課題であった．また，米国大手電力会社のデトロイト・エジソン社などは，高級住宅地の需要家からの安定電力供給とコスト削減の要求により，「大きな電力供給」から「地域への電力供給」への試みを行った．

一方，欧州は，環境問題への対応を先駆的に行っており，再生可能エネルギーの普及促進と，基幹送電線網との連系のない離島での電力自給率の向上を目指す取り組みがなされていた．

日本では，電力の供給信頼性は既存電力網によって確立されており，マイクログリッドは既存の信頼性以上を目指すほか，再生可能エネルギーの推進や安心安全な地域づくりを目指す取り組みがされていた．しかし，東日本大震災以後，電力会社の電

力の安定供給が，被災地では十分でなく，被災から48時間以内の供給再開という体制に疑問が示されている．再生可能エネルギーによる防災対応の電源強化が家庭および地域から提案されてきていることは，新しいしくみにつながると期待されている．

その他の目指す目標を，表9.3に示す．国際標準化に向けた「市場参入への優位性」が加わり，国際的な共同作業も始まっている．

表9.3 分散ネットワークの目指す目標

目標項目	日本	欧州	米国
①再生可能エネルギーの導入促進	◎	◎	○
②電力コスト	○	○	◎
③投資回収	○	○	○
④エネルギー安全保障	◎	◎	△
⑤離島対応	◎	◎	◎
⑥地域活性化	◎	◎	△
⑦雇用の創出	○	◎	◎
⑧技術の海外移転	◎	○	◎

9.7 実証試験の事例

9.7.1 新エネルギー等地域集中実証研究（マイクログリッドの実証試験）

2003年度から2007年度まで，NEDOの受託による「新エネルギー等地域集中実証研究」が，青森県，愛知県，京都府の3箇所で実施された．この実証試験は，現在に至る**スマートコミュニティ**などの分散エネルギーネットワーク技術の先駆けとなるプロジェクトである．

このプロジェクトは，システムとしてはマイクログリッドの考え方であるが，現在進められているスマートコミュニティの構築のベースとなったプロジェクトである．このプロジェクトの概要を表9.4に示す．

とくに，京都府にて実施した**バーチャルマイクログリッド**は電力会社の電力網を利用したもので，スマートコミュニティの原型である．また青森県の事例は，地域電力会社構想が同時に進行して，分散エネルギーネットワークを地域の事業として，地方自治体，商工会議所，民間会社などによるビジネスモデルが提案された．

表 9.4 マイクログリッド実証試験の概要[2],[3]

地域	愛知県		京都府	青森県
	万博会場	中部臨空都市	京丹後市	八戸市
期間	2005年度から2007年度	2008年度から2009年度	2005年度から2009年度	2005年度から2009年度
目標	①環境万博へのPR ②循環型社会構築	万博終了後の実証試験継続	①電力の同時同量制御の検証 ②経済性と事業評価の抽出	①自然エネルギー100%の自立運転 ②自営線による市街地でのマイクログリッド
特徴	燃料電池をベース電源とした	同左	既存伝送網を利用したバーチャルにて供給した	100%自然エネルギーをベース電源とした
主な設備	溶融炭酸塩燃料電池(MCFC), リン酸燃料電池(PAC), 固体酸素型燃料電池(SOFC), NaS電池, メタン発酵, 高温ガス化, マイクロガスタービン, 太陽光発電(PV)		メタン発酵, 鉛蓄電池, 風力発電(WM), PV, マイクロガスタービン	下水汚泥, 木質バイオマスボイラ PV, 小規模WM, 鉛蓄電池
設備規模	2200 kW	—	850 kW	610 kW
主な成果	①自立運転を検証(6時間) ②バイオガスを利用した燃料電池の安定運転の検証 ③系統の同時同量99.5%の達成		①通信回線(ISDN,ADSL)による5分間3%の同時同量制御の確認 ②バーチャルマイクログリッドモデルの検証	①自然エネルギー100%による自立運転の達成 ②連系点での潮流渋滞回避率99.98%達成

9.7.2 次世代エネルギー・社会システムの実証試験

次世代エネルギー・社会システム実証試験は，2009年に閣議決定された「新成長戦略(基本方全)〜輝きのある日本へ〜」の「強みを生かす成長分野のグリーン・イノベーションによる環境エネルギー大国戦略」に基づいて行われた．国策として，地方自治体，企業，大学，研究機関等のコンソーシアムからの公募により，先駆的な取り組みと実現性の高い四つのプロジェクトが採用され，次の結果を得た．

（ⅰ）再生可能エネルギーは，エネルギー安全保障およびCO_2削減に貢献できること．
（ⅱ）電力需要，需給の変化に対応した，電力の安定供給が期待できること．
（ⅲ）新たな「ライフスタイル」の検討が必要なこと．

9.7.3 さまざまなスマートコミュニティプロジェクトの事例

NEDOは2009年から，横浜市，豊田市，けいはんな学研都市，北九州市にて次世代エネルギー社会システム実証試験を実施しており，その概要を表9.5に示す．また，新エネルギー導入促進協議会は2010年から，柏市など9箇所に次世代エネルギー実証事業を実施している．その概要の一部を表9.6に示す．このように分散エネルギーネットワークの実証事業は，標準モデルがなく，地域ごとの特徴を活用することが不可欠であり，普及に向けた事例を積み重ねることが重要である．

表 9.5 NEDO 次世代エネルギー社会システム実証試験概要

地域	概要
横浜市	広域な既成都市にエネルギー管理システムを導入．サンプル数が多く（4000世帯），多様な仮説を実証可能
豊田市	67戸において家電の自動制御．車載型蓄電池を家庭のエネルギー供給に役立てる．運転者に対して渋滞緩和をはたらきかけ．
けいはんな学研都市	新興住宅団地にエネルギー管理システムを導入．約700世帯を対象に，電力需給予測に基づき翌日の電力料金を変動させる料金体系を実施．
北九州市	新日鉄により電力供給が行われている区域において50事業者，230世帯を対象に，電力料金を変動させる料金体系を実施．

表 9.6 新エネルギー導入促進協議会の次世代エネルギー実証事業の概要

地域	概要
柏市	ショッピングモール，オフィス，ホテル，集合住宅の間を自営線でつなぎ，太陽光発電と蓄電池の電力を融通する特定供給を行うことによりピークカットや省エネを実施．災害時には，蓄電池や非常用発電機による電力を供給住宅の共用部分（エレベータ等）に供給．
鳥取市	スマートハウス2棟，植物工場で蓄電池を共有し，スマートコミュニティ全体のコストを抑制．同時にCEMSで制御することで，エネルギーの融通を実施．
福山市	災害時の非常電源として船舶内のディーゼル発電機からEVへ給電し，EV経由で需要家に電力を供給するシステムを構築
佐世保市	電力需要予測アルゴリズムを用いて，個々の危機の利用状況を予測するとともにその予測に基づき，需要家に省エネの要請を行うことによって行動変容を促す．電力使用の効率化と電力削減効果を実証
水俣市	ハウス栽培において，エネルギーの見える化および機器の遠隔制御を可能とする農漁村型EMSを導入．太陽光発電を利用し，ビニールハウス内の温度，湿度，CO_2濃度などを制御することで，省コスト，省エネ，省CO_2を実現．また，カキ養殖用の筏に太陽光発電と蓄電池を搭載して餌やり，水質管理を自動化．

9.8 電力品質管理のための電力貯蔵装置

　分散エネルギーネットワークは，既存電力送電網への連系に電力品質管理の責任をもって行う必要があり，この手段として電力貯蔵装置が用いられる．この電力貯蔵装置の役割は，主に次の3点が挙げられる．
- 電圧，周波数の調整
- 瞬間的な電圧の低減の防止
- 瞬時停電の回避

　一方，スマートコミュニティのように，電力送電網の中に，分散電源を配置して全

体で電力品質管理を行う場合は，電力会社がその品質の管理を行うものであるが，一つ一つの分散電源の系統連系を行う場合に，国の系統接続ガイドラインに適合できることを条件としているので，問題は少ない．なぜなら，国のガイドラインに適さない場合は，接続承認を拒否する権限を電力会社がもっているからである．

自然変動電源の導入量の大幅な増大にともない，欧州で系統への影響が課題となっている[†1]．わが国全体が大きなグリッドと考えるのであれば，同様の問題が生じるので，100%再生エネルギーの促進と系統への悪影響の防止の検討が進められている．

分散エネルギーネットワークについては，HEMSでは小規模蓄電池が進歩して，家庭内にも採用され，普及しつつある．また，BEMSでも中規模の蓄電池を非常用電源として設置しているが，複数のビル，家庭などの領域内の電力貯蔵はNaS電池の採用が始まっている．また，家庭用には，プラグインハイブリッドカーの普及が期待されている．これは，夜間の安い電力にて充電して，昼間走行することで，電力の平準化にも貢献できるメリットがある．

その他の電力貯蔵装置には，宮古島での実証試験にて採用されたフライホイール方式や，実用化には時間を要するが超伝導電力貯蔵装置も期待されている．

電力会社は，需要に見合った微小な負荷調整（ガバナーフリー運転），小規模の周波数調整用の水力発電所，揚水発電所，また変電所にはSVG（静止形無効電力補償装置，static var generator）とよばれる設備を設置して，安定した電力品質の維持に努めている．このような電力品質管理のサービスを，**アンシラリーサービス**[†2]（ancillary service）とよんでいる．

9.9 分散ネットワークのビジネスモデル（八戸の例）

分散ネットワークの事業主体については，八戸市民エネルギー事業化協議会がマイクログリッドを産学官の連携にて推進したが，実現に至らなかった．その理由は，参加する事業者の利益相殺を円滑に調整する必要があるが，八戸の場合は利害関係者の意識，技術進歩，規制緩和などのタイミングが合わずに，連携が不十分なことであった．ビジネスモデルを考えるうえでオランダのコンサルタントKEMAによると，報告書『Reflections on Smart Grids for the Future』の中で，「governments（政府）」，「regulators（規制当局）」，「network companies（電力，通信会社）」，「manufacturers（製造者）」，「customers（顧客，利用者）」を鍵となるステークホルダーとして整理し，

[†1] 最近スペインでは100%再生エネルギーで運用したケースがある一方，ベース負荷の負担が増えている．
[†2] 送電・配電系統側の周波数制御や電圧制御，また各種系統や発電所の故障時に対処するための予備電力確保といった，サービスとそのコストの総称．

表 9.7 利害調整の項目

利害関係者	目標
行政	①地球温暖化対策と高効率エネルギーを目的とした政策の提案 ②エネルギー安全保障強化の行動
規制当局	①状況の変化に応じた対応 ②効率的な投資が可能なしくみづくり
製造者	①将来の製品市場の分析の明確化 ②電力,通信ネットワーク製品を保証するための顧客への取り組みや実証
電力,通信事業者	①具体的な行動の計画 ②リスク,参入機会のより深い理解を図ること
顧客	①選択の自由度,高品質,高信頼性,高効率をもつこと ②投資,理解の深さ,第三者への証言

この利害関係の円滑な調整が不可欠である,としている.各国・地域の事情,政策によりスマートコミュニティは特徴があるが,文化の相違,国・行政の政策が色濃く現れる.また,国内でも,地域により個性があるので,地域に合致したビジネスモデルの構築が必要となる.とくに,利害関係の調整連携が不可欠であるが,その時代的な背景も考慮する必要がある.この調整の目標について,表9.7に示す.

ネットワーク事業者が限定される場合は,投資額,収入,支出などの具体的な数値が見積もられ,事業性評価が容易である.一方,スマートコミュニティのように地域行政サービスを取り込むと,民間レベルの事業性評価が困難となる.地方自治体が事業主体としてビジネスモデル化の在り方を地域ごとに提案して,持続あるスマートコミュニティの運用を図る必要がある.

また,地域特性をより活用して,民間レベルでの事業化モデルも可能なケースが地域の社会資源,自然環境,歴史的文化の継承などを活用し,地域創生として住民に身近な提案をしていく努力が不可欠である.

八戸市民エネルギー事業化協議会の市民電力のビジネスモデルは,「新電力」として時代を先取りしたと考えられる.しかし,規制緩和により電力の自由化が実施される2016年度以降は,事業性の高いビジネスモデルが構築されやすくなった.新しい時代のビジネスモデルは,地域特性を活かした創意工夫による多種多様なモデルを提案・構築することが重要となる.

9.10 分散ネットワークの今後と課題

　今後の分散ネットワークには,「見える化」によるエネルギーの効果的な利用の促進,災害の対応に応じた防災型スマートコミュニティ,東日本大震災の復興に向けた地域活性化,自立電源の確保,安心安全な地域づくりなどが期待できる.

　課題は,事業主体が積極的にその提案を推進する力(driven force)と,需要家(住民など)への能動的な行動が惹起できるかということである.たとえば,防災を検討する場合でも,どれほど強靭なシステムを構築しても,高齢者にやさしく,かつ利便性に富んだ安心できる地域社会の構築は,需要家である住民の力なくしては構築はできない.住民のより「賢い行動」と「能動的行動」がもっとも重要である.弱者としての高齢者の安心・安全な生活支援や,災害時の支援など,高齢化社会である日本は,多種多様なモデルの実証が可能で,その成果を国内外に早期に普及させることが課題である.

　この基本は,経済理論だけではなく,人間の価値と自然価値とが共存しあえる社会の構築を目指す意思が求められる.コミュニティの住民が分散ネットワークに頼る社会ではなく,住民みずからがそのシステムを利活用する知識と理解を深めることがもっとも重要な課題である.

第10章 再生可能エネルギーの導入と評価法

この章の目的

再生可能エネルギーの導入を進めるためには，導入しようとするシステムの機器の仕様，供給特性，設備費用と導入先の特性，導入先の電力の需要特性，エネルギー費用の現状を調査する必要がある．再生可能エネルギー導入後の評価項目としては，発電原価，経済性，エネルギー収支（省エネルギー性），環境性が考えられる．本章では再生可能エネルギーの導入計画の進め方と，導入の経済性評価方法について述べる．

10.1 導入の評価と手順

10.1.1 導入の手順の概要

再生可能エネルギーの導入計画を進めるにあたっては，各再生可能エネルギーのもつ電力/エネルギー供給能力の特性を勘案し，その特性に適合した需要先を選定したうえで，導入効果を見極めながら推進していくことが必要である．

再生可能エネルギー導入効果には，(ⅰ)経済性，(ⅱ)省エネルギー性(創エネルギー性)，(ⅲ)環境性の3点が考えられ，システム導入後の運転管理，保守体制等も考慮に入れ，導入を決定する必要がある．導入についての標準的かつ一般的な手順について，以下に述べる．導入検討のフローを図10.1に示す．

10.1.2 再生可能エネルギーの供給能力の検討

再生可能エネルギーの多くは自然エネルギーであり，各エネルギー源の種別ごとに，わが国の国土において，どの程度の量のエネルギーが存在するか，またこれらのエネルギー資源のどの程度を利用できるかを知る必要がある．

まず，種々の制約要因(法的規制，土地用途，利用技術等)を考慮せず，理論的に取り出せる資源量(物理的限界潜在量)が第一の指標となり，これを**賦存量**という．再生可能エネルギー資源等の賦存量の調査についての統一的なガイドラインは，『再生可

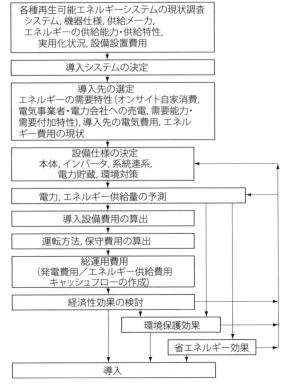

図 10.1 再生可能エネルギーの導入検討手順

能エネルギー資源等の活用による「緑の分権改革」の推進のために』(平成 23 年 3 月. 緑の分権改革推進会議第四分科会)[1] によって示されている.

次に,エネルギー資源の利用・採取にかかわる制約要因を考慮した場合に取り出すことのできるエネルギー資源量を,推定利用可能量という(環境省は導入ポテンシャルとよんでいる).表 10.1 に再生可能エネルギーの賦存量と**推定利用可能量**を,また表 10.2 に再生可能エネルギー資源量等の推定利用量の推計シナリオの条件設定一覧表を表す.

10.1.3　再生可能エネルギーの導入見込み量

環境省では導入見込み量を次のように推計している.

発電設備容量導入見込み量　　再生可能エネルギーを利用した発電設備の設備容量を図 10.2 に示す.直近年と比較して,2020 年の再生可能エネルギー電気の設備容量は 2.3〜2.5 倍,2030 年は約 3〜4 倍,2050 年は約 7〜9 倍と推計している.

表 10.1 再生可能エネルギー資源等の賦存量・推定利用可能量の推定結果一覧表[1]

エネルギーの種類		賦存量	推定利用可能量			単位
			シナリオ①	シナリオ②	シナリオ③	
太陽エネルギー	太陽光発電	506,167	131	177	213	×10³ GWh
	太陽熱利用	1,822,202 × 10³	25,321	42,211	57,268	TJ
風力エネルギー	陸上風力発電	3,664	224	459	680	×10³ GWh
	洋上風力発電(浮体式)	28,002	201	1,603	3,389	×10³ GWh
	洋上風力発電(着床式)		18	287	802	×10³ GWh
水力エネルギー	中小水力発電	97,379	27,701	49,322	80,048	GWh
地熱エネルギー	53〜120°C	74,374	0	24,150	44,887	GWh
	120〜150°C	9,444	17	997	1,256	GWh
	150°C 以上	206,562	6,408	11,432	13,531	GWh
温度差エネルギー	下水熱利用	256,541	141,995	167,641	182,131	GJ
	温泉熱利用	162,547	68,773	75,183	75,195	TJ
雪氷熱エネルギー		43,886 × 10³	288	481	523	TJ
バイオマスエネルギー	木質 林地残材	52,357	1,709	−	2,634	TJ
	木質 製材所廃材	161,634	4,466	−	10,312	TJ
	木質 公園剪定材	1,429	694	−	860	TJ
	農業 農業残渣	154,698	16,919	−	88,660	TJ
	農業 畜産廃棄物	57,230	3,308	−	8,993	TJ

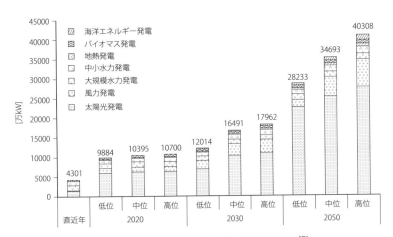

図 10.2 再生可能エネルギー電気の発電設備容量[2]

発電電力量導入見込み量　再生可能エネルギー発電設備での発電電力量を，図 10.3 に示す．

表 10.2 再生可能エネルギー資源等の推定利用可能量の推計シナリオの条件設定一覧[1]

エネルギーの種類			推定利用可能量推定シナリオ		
			シナリオ①	シナリオ②	シナリオ③
太陽エネルギー	太陽光発電		現状技術を用いて 10 kW 以上のパネルを設置するシナリオ	現状技術を用いて, 設置可能なスペースに最大限パネルを設置するシナリオ	屋根の建て替えがあり, 太陽光を最大限導入する建材一体型の屋根設計が行われるシナリオ
	太陽熱利用		住宅・非戸建住宅, 公共施設, 業務用施設に太陽熱温水器を設置した場合		
	太陽熱利用		投資回収年数 20 年で導入するシナリオ	投資回収年数 15 年で導入するシナリオ	投資回収年数 10 年で導入するシナリオ
風力エネルギー	風車の設置方法		風車のロータ径を D とし, 卓越風向に対して風車間の間隔を $3D$, 列間隔を $10D$ に配置する		
	陸上風力発電		風速 7.5 m/s 以上	風速 6.5 m/s 以上	風速 5.5 m/s 以上
	洋上風力発電(浮体式)		風速 8.5 m/s 以上	風速 7.5 m/s 以上	風速 6.5 m/s 以上
	洋上風力発電(着床式)		風速 8.5m/s 以上	風速 7.5m/s 以上	風速 6.5m/s 以上
水力エネルギー	中小水力発電	河川	建設単価が 100 万円/kW 未満	建設単価が 150 万円/kW 未満	建設単価が 260 万円/kW 未満
		上下水道	給水人口または処理人口が 10 万人以上の施設に導入するシナリオ	給水人口または処理人口が 5 万人以上の施設に導入するシナリオ	給水人口または処理人口が 3 万人以上の施設に導入するシナリオ
地熱エネルギー	53〜120°C	発電コスト [円/kWh]	24 未満	36 未満	48 未満
		資源量密度 [kW/km²]	1590 以上	164 以上	17 以上
	120〜150°C	発電コスト [円/kWh]	24 未満	36 未満	48 未満
		資源量密度 [kW/km²]	1050 以上	88 以上	7 以上
	150°C 以上	発電コスト [円/kWh]	12 未満	16 未満	20 未満
		資源量密度 [kW/km²]	7490 以上	2760 以上	17 以上
温度差エネルギー	下水熱利用		処理人口が 10 万人以上の施設に導入するシナリオ	処理人口が 5 万人以上の施設に導入するシナリオ	処理人口が 3 万人以上の施設に導入するシナリオ
	温泉熱利用		源泉温度が 60°C 以上, 源泉湧出量が 20L/分以上	源泉温度が 50°C 以上, 源泉湧出量が 20L/分以上	源泉温度が 50°C 以上
雪氷熱エネルギー			源泉道路および施設での除雪集積可能な雪量温度が 50°C 以上	道路および施設での集雪可能量が 2 千 t 以上(トータルコスト ※ 3000 円/t 以下に相当)	道路および施設での除雪集積可能な雪量
バイオマスエネルギー			10 年前後で想定される技術水準, 導入・運用コストおよび適正な需要を当該市町村別に設定	—	物理的・技術的に導入可能な量

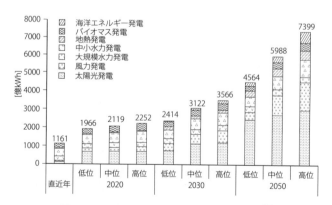

図 10.3 再生可能エネルギー電気の発電電力量[2]

10.1.4 再生可能エネルギー導入発電事業者の実施事項

再生可能エネルギーのうち，太陽光発電，風力発電等により得られる電力は出力の調整ができないので，発電電力量に余剰が生じるときは蓄電池で蓄えておくか，系統連系して電力会社に余剰電力として売電するか，全量を電力会社に売電する方法が考えられる．2012年からは，太陽光発電，風力発電，中小水力発電，地熱発電，バイオマス発電によって得られる電力の電力会社への全量買取制度が実施されている．

再生可能エネルギー導入による発電事業者は，表10.3に示すような項目について検討する必要がある．

表10.3 分散ネットワークの特徴

電源種類	エネルギー需要特性調査	機器・設備仕様の検討
太陽光発電	固定価格買取電源．出力変動が大きく，一般的にベース供給力とはなりえない．補完的電力，ピークカット電力．	本体，インバータ，系統連系，電力貯蔵
太陽熱利用	補完的熱源として利用先検討．	本体，蓄熱槽
風力エネルギー	固定価格買取電源．出力変動が大きく，一般的にベース供給力とはなりえない．補完的電力．	本体，発電機，系統連系，電力貯蔵
バイオマス発電	固定価格買取電源．大容量の設備はベース供給力として可能．	バイオマス処理設備本体，発電設備，系統連系，排熱回収利用設備，環境対策
中小水力エネルギー	固定価格買取電源．一般的にベース供給力として地域での自家消費電源として可能．	水資源調査，ダム，水車発電機本体
地熱エネルギー	固定価格買取電源．一般的にベース供給力として自家消費も可能．補完的電力．	熱利用機器本体，発生熱供給設備
温度差エネルギー	電力需要量，熱需要量，需要量パターンの調査．	発電設備，排熱回収機器，排熱利用先機器，系統連系，環境対策
雪氷エネルギー	電力需要量，熱需要量，需要量パターンの調査．	発電設備，排熱回収機器，排熱利用先機器，系統連系，環境対策

機器・設備仕様の検討　太陽光発電，風力発電等では供給能力と需要特性を考慮して，機器単機容量や機器台数を決定する．バイオマス発電では，電力と熱が同時に取り出されるので，回収排熱の種類と利用先に応じたシステム設計，排熱回収機器，排熱利用先機器の検討が必要である．また，バイオマス発電のように燃焼をともなう場合は大気汚染にかかわる環境対策が，風力，中小水力等では周辺での騒音，振動にかかわる対策がそれぞれ必要である．

運転・保守管理方法の検討　風力発電，太陽光発電等は運転管理，日常的な保守は必要ないが，電気管理主任技術者の常駐が必要な場合もある．バイオマス発電では運

転管理システムの検討，運転管理要員，定期的保守管理システムの検討が必要で，保守費用を算出しておく必要がある．

10.2 経済性評価方法

各種再生可能エネルギーを使用する発電設備での発電原価を計算し，ほかの電源の発電原価と比較検討する．

10.2.1 再生可能エネルギー発電原価(熱利用原価)の算出法

再生可能エネルギーを活用したモデルプラントにおいて，一定の運転年数にわたって毎年発生する費用を評価時点(運転開始時点)の価格に換算して合計した総費用を，当該運転期間中に想定される総発電量または総発生熱量を同時点の価値に換算して合計した総便益で割って，**発電原価**または**熱利用原価**を求める．

(1) 投資評価の方法

ある一定期間運転する発電設備の発電原価，熱利用原価は次式で表される．

$$発電原価または熱利用原価 = 資本費 + 燃料費 + 運転維持費 + 社会的費用(環境対策費 + 事故対応リスク費 + 政策費) \,[円] \quad (10.1)$$

発電単価はある一定期間の発電原価を発電電力量で割って次式で計算される．

$$発電単価 = \frac{発電原価}{発電電力量[kWh]} \quad [円/kWh] \quad (10.2)$$

バイオマス，太陽熱，未利用エネルギーの熱利用単価についても，同様に次式で求められる．

$$熱利用単価 = \frac{熱利用原価}{熱利用量[MJ]} \quad [円/MJ] \quad (10.3)$$

(2) 資本費

a) 各設備の法定耐用年数

主な減価償却資産の耐用年数は，国税庁の耐用年数表によって定められており，再生可能エネルギー設備の耐用年数についてもこの表を適用して定めることができる．本書で計算に用いる**耐用年数**は，エネルギー・環境会議コスト等検証委員会のコスト試算の法定耐用年数を使用する．太陽光，風力発電設備の耐用年数は17年，バイオマス発電・地熱発電の耐用年数は15年，中小水力の耐用年数は22年に規定されている．ただし，発電原価の試算について，稼働年数は，各発電設備の法定耐用年数を経過後の数年も運転するものとして発電原価の試算を行う．

b) 減価償却費

設備の製造原価が有形固定資産となる．このうち，償却対象固定資産は建物，構築物，機械装置，車両運搬具，工具器具，日用品で，土地，建設仮勘定は非償却資産である．有形固定資産を購入により取得した場合，購入代金に買入手数料，運送費，荷役費，据付費，試験運転費などの付随費用を加えて**取得原価**とする．

$$取得原価 = 製造原価 + 付随費用 \tag{10.4}$$

自家建設による取得原価は製造原価に付随費用を含めたものが，また自家建設に要する借入資本の利子（借入金に対する支払利息）で稼働前の期間に属するものも取得原価に算入することができる．

$$取得原価 = 製造原価 + 付随費用 + 稼働前の期間に属する借入資金利息 \tag{10.5}$$

減価償却費は，取得した固定資産を耐用期間中，定額法または定率法で算出して計上する．

① 定額法と旧定率法による減価償却（平成19年3月31日以前に取得した場合）

平成19年3月31日以前に取得した減価償却資産の減価償却の方法は「旧定額法」に，定率法は「旧定率法」等にそれぞれ基づいて償却の計算が行われる．旧定額法および旧定率法による減価償却は次式で計算できる．

- 定額法の耐用年数の減価償却費は次式で算出される．

$$1年間の減価償却費 = (取得原価 - 残存原価) \times 定額償却率 \tag{10.6}$$

$$定額償却率 = \frac{1}{耐用年数} \tag{10.7}$$

- 定率法の耐用年数の減価償却費は，残存価格を10%とし次式で算出される．

$$定率償却率 = 1 - 耐用年数 \times \sqrt{\frac{残存価格}{取得原価}} \tag{10.8}$$

$$1年間の減価償却費 = (取得原価 - 期首減価償却累計) \times 定率償却率 \tag{10.9}$$

② 平成19年度の税制改革による減価償却

平成19年に公布された所得税法等の一部を改正する法律（平成19年法律第6号），法人税法施行令の一部を改正する政令（平成19年政令第83号）等により，法人の減価償却制度に関する規定が改正され，平成19年4月1日以後に取得をする減価償却資産から適用された．改正の概要は以下のとおり．

残存価格　　償却の最終年度に「1円」の備忘価額を残す．ただし，無形減価償却資産については従来どおり「0円」とする．

新たな定率法による償却額の計算（250％償却法）　　新たな定率法は定額法による場合の償却率の2.5倍の償却率（250％償却）で計算するが，残存期間の均等償却額未満になる場合は定額法に切り替える．250％償却が，残均等償却額未満になる場合の残均等償却額を「償却保証額」，取得価額に対する比率を「保証率」といい，期首日の属する月に資産を取得したものとした場合の残均等償却額から計算される．

実務では，取得価額×保証率(A)と250％償却額(B)を比較して$A > B$になれば定額法に切り替える．

各耐用年数に対応する保証率，税率詳細　　「減価償却資産の旧定額法，旧定率法，定額法および定率法（平成19年4月1日～平成24年3月31日取得分）の償却率，改定償却率および保証率の表（耐用年数省令別表第七，別表第八，別表第九）」による．

③　**平成23年12月税制改革による減価償却**

平成23年12月2日に税制改正された．また，平成24年度税制改正で，「定額法の償却率×2.0（200％）」になった．

（3）運転維持費

運転維持費は次の項目のものを加算して計上する．

- 人件費：各年度の人件費を算出
- 修繕費：各年度の保守費用，修繕費用，各年度の潤滑油費，冷却薬注費，ボイラ薬注費，脱硫・脱硝装置費用，薬品・触媒費用
- 諸費：各年度の消耗品費，賃借量，保険料等，薬品・触媒費用，運転維持のための消耗品費用，損害保険（火災保険，機械保険等），廃棄物処理費用，雑費
- 業務分担費（一般管理費）：事業の全般に関する費用のうち，発電事業者に関連する費用（発電事業者の本社人件費，消耗品費など）

（4）現在価値による再生可能エネルギー発電原価の算出法

耐用年数期間にわたり運転する場合，資本費は取得減価の各期首帳簿価格の金利が加算され，運転維持費および燃料費には物価が上昇する場合がある．

各年度に発生する費用は，現状で計算した費用に物価上昇率を掛けて各年度に発生する費用を計算する．物価上昇率が年々ほぼ一定であると仮定できれば，各年度に発生する資本費，物価上昇した運転維持費を現在の価値に置き換えて，現状のエネルギー価格と比較する方法を**現在価値**という．k年後に発生する経費の現在価値は次式で算出できる．

$$P_k = S_k \times \frac{1}{(1+i)^k} \tag{10.10}$$

ここで，P_k：各年度の現在価値，S_k：各年度の発生費用，i：割引率（複利原価係数）である．

n年度に発生した現在価値の累計に**資本回収係数**（capital recovery factor, CRF）を乗じると，n年間の**均等年間現在価値** P_{mean} が求められる．

$$P_{\mathrm{mean}} = \sum_{k=1}^{n} P \frac{i(1+i)^n}{(1+i)^n - 1} \tag{10.11}$$

現在価値による発電原価の計算フローとイメージ図を，図 10.4，図 10.5 に示す．

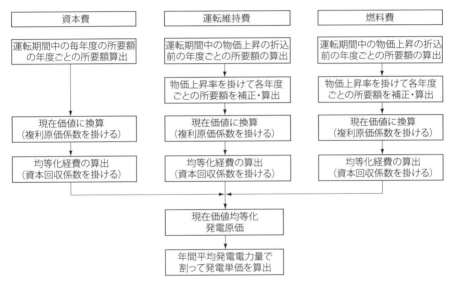

図 10.4 現在価値による発電単価算出の計算フロー

10.2.2 発電原価の計算例

以上のような発電原価算出法に基づき，発電原価を試算する．各再生可能エネルギーによる発電設備の発電原価の著者による計算結果を，表 10.4 に示す．

住宅用太陽光発電原価は 33.1 円/kWh と，2016（平成 28）年度の 10 kW 未満買取価格（表 1.4 より 31〜33 円/kWh）より高く，買取制度が成立しないので補助金の適用による設備の導入が望まれる．メガソーラーの発電原価（39.1 円/kWh）は，2016 年度買取価格（24 円/kWh）より高くなり，買取制度による売電が成立するためには計算の条件を検討する必要がある．陸上風力発電は 2000 kW × 10 基の場合，計算上の発電

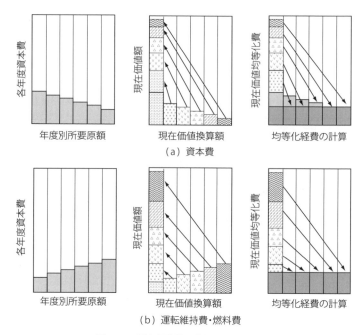

図 10.5 現在価値発電単価のイメージ図

原価は 17.9 円/kWh となり，エネルギー・環境会議での試算値および 2016 年度買取価格(22 円/kWh)より若干低くなっている．洋上風力は設置される条件で資本費，運転維持費とも大きく変わる要素があり，参考値であるが 21.9 円/kWh 程度で，2016 年度の買取価格(36 円/kWh)より低い．地熱発電は開発条件により建設費が大きく変動するが，エネルギー・環境会議の試算データで試算すると，2016 年度買取価格(26 円/kWh)よりかなり低い発電原価になった．中小水力については 18.9 円/kWh と買取価格(24 円/kWh)より低い発電原価となった．

太陽光発電以外では，設備が設置される条件で建設費が大きく変動するので，本計算は一試算例として参照されたい．実際の再生可能エネルギー発電で買取制度に参入しようとする事業者は，設備の詳細な見積りを行ったうえ，発電原価を算出し，経済性の検討を行う必要がある．

10.2.3 発電単価からみた再生可能エネルギー電源の位置付け

2015 年経済産業省が策定した長期エネルギー需給見通しの関連資料として作成された，2014 年(平成 26 年)モデルプラントの発電コストの試算結果を図 10.6 に示す．

10.2 経済性評価方法

表 10.4 各種再生可能エネルギーの発電原価の試算例

再生可能エネルギーの種類		太陽光発電 住宅用	太陽光発電 非住宅用	風力発電 陸上風力	風力発電 洋上風力	バイオマス発電 木質専焼	地熱発電	中小水力	一般水力	LNG火力(参考)
設備容量[kW]		4	10,000	20,000	100,000	6,000	20,000	4,000	20,000	900,000 45万kW×4ユニット
資本費用	減価償却費[百万円]	2	4,800	3,500	50,000	2,100	13,000	3,400	11,900	108,000
	減価償却費現在価値[百万円]	2	4,139	2,985	41,017	12,727	11,126	2,761	9,617	89,546
	現在価値発電原価[円/kWh]	24.7	27.0	15.6	10.9	3.5	5.10	6.90	7.90	1.20
	固定資産税[百万円]	0	373	278	4,955	204	1,002	36	1,306	10,017
	固定資産税現在価値[百万円]	0	308	240	4,192	173	874	30	1,066	8,612
	固定資産税現在価値単価[円/kWh]	2.3	2.0	0.5	1.1	0.4	0.40	0.70	0.90	0.10
	設備廃却費[百万円]	−	−	175	250	105	650	17	595	5,400
	設備廃却費現在価値単価[円/kWh]	−	−	0	0	0	0.10	0.10	0.05	0.01
	資本費合計[百万円]	2	5,108	3,953	55,205	2,409	12,779	3,453	13,801	123,417
	資本費合計現在価値単価[円/kWh]	27.0	29.0	16.1	12.2	4.1	5.60	7.70	8.85	1.31
運転維持費	年間人件費[百万円]	−	5	98	700	70	120	14	20	632
	稼働期間人件費現在価値[百万円]	−	74	73	10,414	1,372	2,352	274	462	12,400
	稼働期間人件費現在価値単価[円/kWh]	−	1.5	1.1	2.8	2.8	1.8	6.6	0.4	0.2
	稼働期間修繕費現在価値[百万円]	74	149	1,649	15,620	3,987	8,914	312	2,221	70,971
	稼働期間修繕費現在価値単価[円/kWh]	1.5	10.1	1.8	9.7	9.0	5.9	12.3	1.9	1.0
燃料費	年間燃料費[百万円]	−	−	−	−	315	−	−	−	31,781
	稼働期間燃料費現在価値[百万円]	−	−	−	−	6,181	−	−	−	622,931
	稼働期間燃料費現在価値単価[円/kWh]	−	−	−	−	12.6	−	−	−	8.20
	燃料費単価[円/kWh]	−	−	−	−	12.6	−	−	−	8.20
発電単価計[円/kWh]		33.1	39.1	17.9	21.9	25.4	11.5	18.9	10.7	11.1
稼働期間送電端発電量[MWh]		0.082	210.2	680.8	5,045.8	785.0	3,311.3	61.8	2,162.4	115,895.0
稼働期間送電端割引発電量[MWh]		0.061	30.7	510.8	3,753.1	489.3	2,163.4	40.4	1,250.1	75,720.0

2014年モデルプラント試算結果概要、並びに感度分析の概要

電源	原子力	石炭火力	LNG火力	風力(陸上)	地熱	一般水力	小水力 80万円/kW	小水力 100万円/kW	バイオマス(専焼)	バイオマス(混焼)	石油火力	太陽光(メガ)	太陽光(住宅)	ガスコジェネ	石油コジェネ
設備利用率 稼働年数	70% 40年	70% 40年	70% 40年	20% 20年	83% 40年	45% 40年	60% 40年	60% 40年	87% 40年	70% 40年	30・10% 40年	14% 20年	12% 20年	70% 30年	40% 30年
発電コスト 円/kWh	10.1〜 (8.8〜)	12.3 (12.2)	13.7 (13.7)	21.6 (15.6)	16.9※ (10.9)	11.0 (10.8)	23.3 (20.4)	27.1 (23.6)	29.7 (28.1)	12.6 (12.2)	30.6〜43.4 (30.6〜43.3)	24.2 (21.0)	29.4 (27.3)	13.8〜15.0 (13.8〜15.0)	24.0〜27.9 (24.0〜27.8)
2011コスト 等検証委	8.9〜 (7.8〜)	9.5 (9.5)	10.7 (10.7)	9.9〜17.3	9.2〜11.6	10.6 (10.5)	19.1〜22.0	19.1〜22.0	17.4〜32.2	9.5〜9.8	22.1〜36.1 (22.1〜36.1)	30.1〜45.8	33.4〜38.3	15.0 (10.6)	17.1 (17.1)

原子力の感度分析 (円/kWh)

追加的安全対策費2倍	+0.6
廃止措置費用2倍	+0.1
事故廃炉・賠償費用1兆円増	+0.04
再処理費用及びMOX燃料加工費用2倍	+0.6

※1 燃料価格は足元で昨年と比較して下落。それを踏まえ、感度分析を下記に示す。

化石燃料価格の感度分析 (円/kWh)

燃料価格10%の変化に伴う影響(円/kWh)	石炭	LNG	石油
	約0.4	約0.9	約1.5

※2 2011年の設備利用率は、石炭:80%、LNG:80%、石油:50%、10%
※3 ( )内の数値は政策経費を除いた発電コスト
※4 地熱については、その予算関連政策経費が今後の開発拡大のための予算が大部分であり、他の電源との比較が難しいが、ここでは、現在計画中のものも加えた合計143万kWで算出した発電量で関連予算を機械的に除した値を記載。

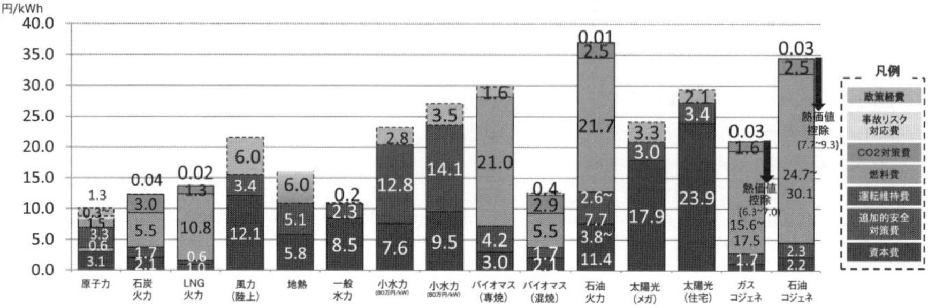

図10.6 長期エネルギー需給見通し 2014年モデルプラントでの各エネルギー源発電コスト試算概要(資源エネルギー庁 平成27年7月)[3]

電力供給においては,安定供給,低コスト,環境適合等をバランスよく実現できる供給構造を実現できることが重要であり,これらの条件を満足するものがベース電源となる.**ベースロード電源**は地熱,一般水力,原子力,石炭が挙げられる.

再生可能エネルギーの電源の位置付けとしては地熱発電,一般水力がベース電源として,揚水式水力発電が**ピーク電源**としての役割を果たしている.なお,再生可能エネルギーの主流である太陽光発電,風力発電は以下のような課題がある.

太陽光発電 需要家に近接したところで中小規模の発電を行うことも可能で,系統負担も抑えられるうえに,非常用電源としても利用可能である.一方,発電コストが高く,出力不安定性などの安定供給上の問題があることから,さらなる技術開発が必要である.

風力発電 大規模に開発が可能で,発電コストが火力発電並みで,経済性も確保できる可能性のあるエネルギー源である.一方,風力発電の適地である北海道や東北北部では,電力需要の面から十分な調整力がなく,系統の整備,広域的な運用による調整力の確保,蓄電池の活用等が必要である.

風力や地熱については,立地制約や系統安定・増強といった課題はあるが,これら

10.3 プロジェクトコストの評価方法

の課題を解決することにより，条件が整った場所には，原子力発電，石炭火力発電に対抗しうるコスト水準にあり，重要電源としての役割を担うことができる．

10.3 プロジェクトコストの評価方法

プロジェクトコストの**経済性評価方法**は，主に以下の3種類があり，単純償却年数法と年間経費法がもっとも多く用いられている．

回収期間法（単純償却年数法）　単純償却年数は次式で計算される．

$$n = \frac{C_i}{C_r} \tag{10.12}$$

ここで，n：単純償却年[年]，C_r：再生可能エネルギー発電による電力売却費用[円]，C_i：再生可能エネルギー設備導入による設備投資費用[円]である．また，C_rは次式で示される．

$$C_r = 再生可能エネルギー発電による電力売却額\ C_b\ [円] - 運用経費\ C_o\ [円] \tag{10.13}$$

年間経費法　年間経費法は，再生可能エネルギー設備導入費用に耐用年数や金利等を考慮した固定費を加えて，1年あたりのエネルギー削減金額C_m[円]に換算したもので，次式で計算される．

$$C_m = C_r - C_c = C_b - (C_c + C_o) \tag{10.14}$$

ここで，C_cとは減価償却や金利，税金，保険などを加えた再生可能エネルギー設備導入による資本費を示す．$C_c + C_o$は発電原価（熱利用原価）になる．

内部収益率法　内部収益率（internal rate of return, IRR）法とは，投資によって得られると見込まれる利回りと，得るべき利回りを比較し，その大小により判断する手法のことである．IRRは投資プロジェクトの正味現在価値（NPV）がゼロとなる割引率rのことをいう．内部収益率は，正味現在価値と同様に，プロジェクトで発生するすべてのキャッシュフローの現在価値を考慮する．内部収益率法はプロジェクトを利回りという率で表しているのに対し，正味現在価値法はプロジェクトをNPVという金額で表している．C_0を初期投資額，$C_1, C_2, \ldots, C_n$を各年度の回収額（利回り）とするとIRRの計算式は次のようになる

$$C_0 + \frac{C_1}{(1+r)^1} + \frac{C_2}{(1+r)^2} + \frac{C_3}{(1+r)^3} + \cdots + \frac{C_n}{(1+r)^n} = 0 \tag{10.15}$$

ただし，投資をすることからC_0は必ず負となる．

10.4 再生可能エネルギーのエネルギー収支の評価（EPT，EPR）

ライフサイクル全体のエネルギー収支を評価する指標として，**エネルギーペイバックタイム**（energy payback time, EPT）や**エネルギー収支比**（energy payback ratio, EPR）が用いられる．

エネルギーペイバックタイムとは，設備の製造，運用・廃却に至る工程（ライフサイクル）において投入されたエネルギーが，設備の導入・運転によって得られるエネルギーで回収できる期間のことで，次式で表される．

$$\text{EPT [年]} = \frac{\text{ライフサイクルを通じて投入されたエネルギー } E_{\text{in}}}{1 \text{ 年間で生産されるエネルギー } e_{\text{av}}} \quad (10.16)$$

e_{av} は単位期間中の発電量で節約できたエネルギー投入量と同じ意味である．

EPT が設備の耐用年数より短い場合は，創エネルギー性があるといえる．太陽光発電では2〜3年で回収可能である．各種発電設備の EPT の比較を図10.7 に示す．図より再生可能エネルギーの EPT は 1〜6 年程度で，耐用年数は 15〜20 年であるので，EPT 経過後もさらにエネルギーが得られることになる．一般に，設備費用が高いことは EPT が長くなることに等しい．とくに，太陽光発電は技術の進歩と大量生産により生産コスト，EPT の低減が期待できる．

エネルギー収支比は，ライフサイクル中に投入されるエネルギーに対する，発電によって節約できるエネルギーの倍率で表す．エネルギー収支比は次式のようになる．

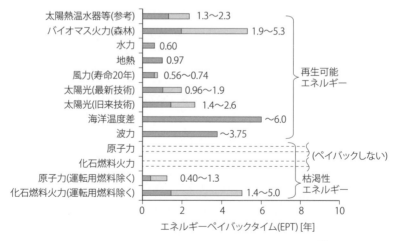

図 10.7 各種発電技術のエネルギーペイバックタイム比較[4]

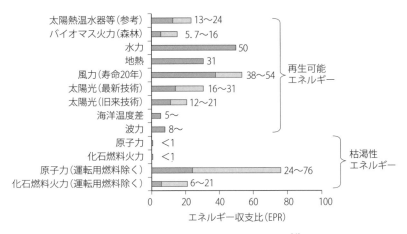

図 10.8 各種発電技術のエネルギー収支比[4]

$$\text{EPR} = \frac{\text{ライフサイクル中の発電量で節約できたエネルギー投入量 } E_{\text{av}}}{\text{ライフサイクル中に必要になるエネルギー } E_{\text{in}}}$$
$$= \frac{e_{\text{av}} \cdot T_{\text{lifetime}}}{E_{\text{in}}} = \frac{T_{\text{lifetime}}}{\text{EPR}} \tag{10.17}$$

ここで，T_{lifetime} は稼働期間である．EPR が大きいほどエネルギー収支が優れている．各種エネルギー源の EPR を図 10.8 に示す．再生可能エネルギーの性能は年々向上しており，現在の EPR は 10～30 ぐらいと考えられ，化石燃料火力発電と比べて十分に大きい値を示している．

10.5　再生可能エネルギーの環境性の評価

太陽光発電，風力発電等は化石燃料を使用しないため，二酸化炭素や窒素酸化物を排出しない．また，二酸化炭素排出量については製造工程で使用するエネルギーを考慮したライフサイクルにおける排出量においても，化石燃料発電よりはるかに少ない（図 10.9）．たとえば，太陽光発電の場合，現在すでに広く普及した技術で 38 $(\text{g-CO}_2)/\text{kWh}$ である．再生可能エネルギーは持続性をもったエネルギー源であり，化石燃料などの枯渇性燃料よりも優れているといえる．

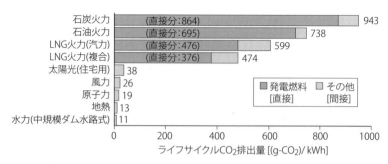

図 10.9 各種発電方式によるライフサイクル二酸化炭素排出量([5] を基に一部改変)

参考文献

第1章

[1] 資源エネルギー庁, エネルギー白書 2013, 2013 年,
http://www.enecho.meti.go.jp/about/whitepaper/2013pdf/
[2] 資源エネルギー庁, エネルギー白書 2016, 2016 年,
http://www.enecho.meti.go.jp/about/whitepaper/2016pdf/
[3] 環境省(IPCC), IPCC Fourth Assessment Report, Climate Change 2007 (AR4) Synthesis Report (環境省翻訳), 2007 年, http://www.ipcc.ch/graphics/syr/fig2-3.jpg
[4] 環境省, STOP THE 温暖化 2012, 2012 年,
http://www.env.go.jp/earth/ondanka/stop2012/stop2012_ch2.pdf
[5] 気象庁, IPCC 第 4 次評価報告書第 1 作業部会報告書政策決定者向け要約(Summary for Policymakers), 2007 年, http://www.data.jma.go.jp/cpdinfo/ipcc/ar4/ipcc_ar4_wg1_spm_Jpn.pdf
[6] 気象庁, 知識・解説＞地球温暖化＞温室効果ガスの種類(2010 年の二酸化炭素換算量での数値：IPCC 第 5 次評価報告書より作図), http://www.data.jma.go.jp/cpdinfo/chishiki_ondanka/p04.html
[7] 経済産業省, 総合資源エネルギー調査会需給部会 長期エネルギー需給見通し(再計算), 2009 年 8 月,
http://www.meti.go.jp/report/downloadfiles/g90902a01j.pdf
[8] 資源エネルギー庁, エネルギー供給事業者による非化石エネルギー源の利用及び化石エネルギー原料の有効な利用の促進に関する法律の制定の背景及び概要, 2010 年,
http://www.enecho.meti.go.jp/notice/topics/017/pdf/topics_017_001.pdf
[9] 経済産業省, 総合資源エネルギー調査会新エネルギー部会(第 37 回) 配付資料 4 再生可能エネルギー等の概念整理, 2009 年,
http://www.meti.go.jp/committee/materials2/downloadfiles/g90825b12j.pdf
[10] 資源エネルギー庁,小学生向け副教材「かがやけ！みんなのエネルギー【教師用解説編】」＞ストーリー 5-8「持続可能な社会をめざして」, http://www.enecho.meti.go.jp/category/others/tyousakouhou/kyouikuhukyu/fukukyouzai/sk/5-8.html
[11] 経済産業省, エネルギー基本計画, 2014 年,
http://www.meti.go.jp/press/2014/04/20140411001/20140411001-1.pdf
[12] 資源エネルギー庁, 再生可能エネルギーの固定価格買取制度について, 2012 年,
http://www.enecho.meti.go.jp/category/saving_and_new/saiene/kaitori/dl/120522setsumei.pdf
[13] 電気事業者による再生可能エネルギー電気の調達に関する特別措置法施行規則(平成 24 年 6 月 18 日経済産業省令第 46 号)
[14] 資源エネルギー庁, なっとく！ 再生可能エネルギー＞固定価格買取制度＞買取価格・期間等,
http://www.enecho.meti.go.jp/category/saving_and_new/saiene/kaitori/kakaku.html
[15] 資源エネルギー庁, 再生可能エネルギーを巡る現状と課題, 2014 年, http://www.meti.go.jp/committee/sougouenergy/shoene_shinene/shin_ene/pdf/001_03_00.pdf
[16] 資源エネルギー庁, なっとく！ 再生可能エネルギー＞固定価格買取制度＞制度の概要,
http://www.enecho.meti.go.jp/category/saving_and_new/saiene/kaitori/surcharge.html
[17] 資源エネルギー庁,総合資源エネルギー調査会 基本政策分科会(第 16 回会合)・長期エネルギー需給見通し小委員会(第 1 回会合)合同会合 資料 3 エネルギー基本計画の要点とエネルギーを巡る情勢について, 2015 年 1 月, http://www.enecho.meti.go.jp/committee/council/basic_policy_subcommittee/016/pdf/016_008.pdf

[18] 資源エネルギー庁，総合資源エネルギー調査会 総合部会第 4 回会合 資料 2（数値の出典はコスト等検証委員会），2013 年，http://www.env.go.jp/council/06earth/y060-115/ref02_2.pdf
[19] 資源エネルギー庁，低炭素社会実現のための次世代送配電ネットワークの構築に向けて（次世代送配電ネットワーク研究会報告書），2010 年，http://www.enecho.meti.go.jp/committee/council/electric_power_industry_subcommittee/001_038/pdf/038_009.pdf
[20] 資源エネルギー庁，エネルギー白書 2006，2006 年，http://www.enecho.meti.go.jp/about/whitepaper/2006html/
[21] 資源エネルギー庁，長期エネルギー需給見通しについて，総合資源エネルギー調査会基本政策分科会第 17 回会合資料 2，2015 年，
http://www.enecho.meti.go.jp/committee/council/basic_policy_subcommittee/017/
[22] 環境省，平成 26 年度 2050 年再生可能エネルギー等分散型エネルギー普及可能性検証検討委託業務報告書，2015 年，http://www.env.go.jp/earth/report/h27-01/H26_RE_4.pdf

第 2 章

[1] 新エネルギー・産業技術総合開発機構，ソーラー建築デザインガイド，2001 年
[2] 新エネルギー・産業技術総合開発機構，日射量データベース閲覧システム＞全国日射量マップ＞最適傾斜角日射量，http://app0.infoc.nedo.go.jp/
[3] 新エネルギー・産業技術総合開発機構，年間時別日射量データベース（METPV-11），年間月別日射量データベース（MONSOLA-11），http://www.nedo.go.jp/library/nissharyou.html
[4] 新エネルギー・産業技術総合開発機構，太陽光発電導入ガイドブック，1998 年
[5] 資源エネルギー庁，エネルギー白書 2016，2016 年
[6] 新エネルギー・産業技術総合開発機構，NEDO 再生可能エネルギー技術白書 第 2 版，森北出版，2014 年
[7] 資源エネルギー庁，エネルギー白書 2014，2014 年
[8] アメリカ National Renewable Energy Laboratory，Best Research-Cell Efficiencies，http://www.nrel.gov/pv/assets/images/efficiency_chart.jpg
[9] 新エネルギー・産業技術総合開発機構，太陽光発電ロードマップ（PV2030+）概要版，2009 年，http://www.nedo.go.jp/news/kaiken/AA5_0032B.html
[10] 新エネルギー・産業技術総合開発機構，業務用太陽熱利用システムの設計ガイドライン，2009 年，http://www.enecho.meti.go.jp/category/saving_and_new/attaka_eco/reference/index.html#l2
[11] 茅陽一監修，新エネルギー大事典，工業調査会，2002 年
[12] （一社）日本太陽エネルギー学会，新太陽エネルギー利用ハンドブック，2000 年
[13] 日本物性学会，熱物性ハンドブック，養賢堂，1990 年

第 3 章

[1] 新エネルギー・産業技術総合開発機構，風力発電導入ガイドブック 2008，2008 年
[2] GWEC，Global Wind Report 2014，2015 年，
http://www.gwec.net/wp-content/uploads/2015/03/GWEC_Global_Wind_2014_Report_LR.pdf
[3] 新エネルギー・産業技術総合開発機構，日本における風力発電の状況，2016 年，
http://www.nedo.go.jp/library/fuuryoku/state/1-01.html
[4] Jørgen Schytte / VisitDenmark，Photo of Wind Farm，
http://visitdenmark.digizuite.dk/?lid=3#!/asset/36
[5] 苫前町役場，苫前グリーンヒルウィンドパークの写真，
http://www.town.tomamae.lg.jp/section/kikakushinko/lg6iib00000007cx.html
[6] 新エネルギー・産業技術総合開発機構，風況マップ表示システム，http://app8.infoc.nedo.go.jp/nedo/
[7] 資源エネルギー庁，新エネルギー便覧，通商産業調査会，1999 年
[8] 資源エネルギー庁，資源エネルギー年鑑 1999/2000，通産資料調査会，1999 年

[9] 新エネルギー・産業技術総合開発機構, NEDO 再生可能エネルギー技術白書 第 2 版, 森北出版, 2014 年
[10] 新エネルギー・産業技術総合開発機構, (株)東洋設計, 風力発電システムの設計マニュアル, 1996 年
[11] 資源エネルギー庁, 総合資源エネルギー調査会発電コスト検証ワーキンググループ(第 6 回会合)資料 1 長期エネルギー需給見通し小委員会に対する発電コスト等の検証に関する報告(案), 2015 年 4 月, http://www.enecho.meti.go.jp/committee/council/basic_policy_subcommittee/mitoshi/cost_wg/006/pdf/006_05.pdf

第 4 章

[1] 新エネルギー・産業技術総合開発機構, NEDO 再生可能エネルギー技術白書 第 2 版, 森北出版, 2014 年
[2] 農林水産省, バイオマス活用推進基本計画, 2010 年 12 月, http://www.maff.go.jp/j/shokusan/biomass/b_kihonho/pdf/keikaku.pdf
[3] 寺崎直道, バイオジェット燃料の動向, 東京大学 GSDM シンポジウム資料, 定期航空協会, 2014.03.08
[4] 山崎博, 藻類からのバイオ燃料生産, SCE・Net, エネルギー研究会レポート, p.7, (公社)化学工学会, 2008 年 11 月 4 日, http://www.sce-net.jp/enrgypdf/bioalga.pdf
[5] 三井物産戦略研究所, バイオマス資源としての微細藻類, 戦略研レポート, 2011.12.5, http://mitsui.mgssi.com/issues/report/r1112j_uno.pdf
[6] 日本エネルギー学会バイオマス部会, アジアバイオマスハンドブック, 2008 年
[7] 李玉友, メタン発酵技術の概要とその応用展望, 日本環境衛生施設工業会機関誌 JEFMA, No.53, 2005 年
[8] 新エネルギー・産業技術総合開発機構, 水素エネルギー白書, 2014 年
[9] 浅田泰男, 石見勝洋, 神野英毅, バイオ水素の現状と問題点-光合成微生物を中心に-, 37(1), 水素エネルギーシステム, 2012 年

第 5 章

[1] 資源エネルギー庁, エネルギー白書 2016, 2016 年
[2] 資源エネルギー庁, 水力発電について＞データベース＞全国の包蔵水力, http://www.enecho.meti.go.jp/category/electricity_and_gas/electric/hydroelectric/database/energy_japan002/
[3] 新エネルギー・産業技術総合開発機構, NEDO 再生可能エネルギー技術白書 第 2 版, 森北出版, 2014 年
[4] (一社)日本機械学会, 機械工学便覧 応用システム編γ2 流体機械, 日本機械学会, 2007 年
[5] 農林水産省構造改善局建設部設計課・水利課監修, 農業用水利施設小水力発電設備計画設計技術マニュアル, 農業土木機械化協会, 1995 年, https://www.jacem.or.jp/newpage-shosuiryoku-manual.htm
[6] 北海道庁, 中小水力発電導入の手引き, 2012 年, http://www.pref.hokkaido.lg.jp/kz/kke/sene-shiryou/watertebiki.pdf

第 6 章

[1] 新エネルギー・産業技術総合開発機構, NEDO 再生可能エネルギー技術白書 第 2 版, 森北出版, 2014 年
[2] 石油天然ガス・金属鉱物資源機構, 地熱資源情報＞世界の地熱発電, http://geothermal.jogmec.go.jp/information/geothermal/world.html
[3] 産業技術総合研究所, 地熱発電の開発可能性(H 20.12.1 地熱発電に関する研究会資料), 2008 年, http://www.meti.go.jp/committee/materials2/downloadfiles/g81201a05j.pdf
[4] 環境省, 再生可能エネルギー導入ポテンシャル調査報告書, 2011 年, https://www.env.go.jp/earth/report/h23-03/
[5] 資源エネルギー庁, エネルギー白書 2014, 2014 年

[6] ゼネラルヒートポンプ工業(株), 温泉排湯熱利用ヒートポンプシステム, 地中熱利用ヒートポンプシンポジウム資料, 2008 年, http://www.geohpaj.org/old_information/doc/shiba.pdf

第 7 章

[1] 近藤俶朗編著, 海洋エネルギー利用技術(第 2 版), 森北出版, 2015 年
[2] 電気事業連合会, 電力需要実績> 2015 年度電力データ, http://www.fepc.or.jp/library/data/demand/
[3] The Ocean Energy Systems, Ocean Energy Systems Vision Brochure, http://www.ocean-energy-systems.org/about-oes/oes-vision-brochure/
[4] 高橋重男・安達崇, 日本周辺における波パワーの特性と波力発電, 港湾技研資料, No.654, 1989 年, http://www.pari.go.jp/search-pdf/no0654.pdf
[5] 新エネルギー・産業技術総合開発機構, NEDO 再生可能エネルギー技術白書 第 2 版, 森北出版, 2014 年
[6] 第六管区海上保安本部, 六管豆知識>海の流れについて, http://www.kaiho.mlit.go.jp/06kanku/news/press/press.pdf/25-02-04.pdf
[7] (株)緑星社, 益田式航路標識用ブイの写真
[8] 鷲尾幸久, 大澤弘敬他, 沖合浮体波力装置「マイティーホエール」実海域実験, 海洋科学技術センター試験研究報告 JAMSTECR, 40, 2000.2
[9] 勝原光治郎・北村文俊, 灯標式空気式波浪発電装置の研究(その 2：ウェルズ型エアータービン), 船舶技術研究所報告, 24(3), 1987 年, http://ci.nii.ac.jp/naid/110007663514
[10] 鈴木正巳, 波力発電用ウェルズタービン特性とポテンシャル理論, 日本機械学会論文集(B 編), 72(715), 2006 年, http://ci.nii.ac.jp/naid/110004702458
[11] Wikimedia(User: Marianneahern), Optbuoy.jpg, Free Art Licens, https://commons.wikimedia.org/wiki/File:Optbuoy.jpg
[12] 神吉博, ジャイロ式波力発電システム, 日本機械学会誌, 117(1144), 2014 年
[13] 渡部富治・近藤俶朗, 21 世紀のクリーンな発電として波力発電, パワー社, 2005 年
[14] Wikimedia(User: Dani 7C3), Rance tidal power plant.jpg, Creative Commons Attribution-Share Alike 3.0, https://commons.wikimedia.org/wiki/File:Rance_tidal_power_plant.JPG
[15] (一社)日本産業機械工業会, 海外駐在員報告書平成 24 年 3 月号, 欧州の海洋エネルギー利用の現状(その 1), 2012 年, http://www.jsim.or.jp/kaigai/1203/001.pdf
[16] 比江島慎二, 振り子の流体励起振動を利用した水流発電機, JST 国立六大学連携コンソーシアム新技術説明会資料, 2014 年, https://shingi.jst.go.jp/past_abst/abst/p/14/1448/6-univ_04.pdf
[17] (株)IHI, 黒潮で発電！？ 水中浮遊式海流発電システムの開発, IHI 技報, 53(2), 2013 年, http://www.ihi.co.jp/ihi/research_development/review_library/review/2013/53_02.html
[18] 梅田厚彦, メガワット級海流発電への挑戦, 季報エネルギー総合工学, 33(1), (一財)エネルギー総合工学研究所, 2010 年, http://www.iae.or.jp/reviews/iae_reviews/
[19] 池上康之・安永健・原田英光, ウエハラサイクルを用いた海洋温度差発電システムの性能試験, 日本海水学会誌, 60(1), 2006 年, https://www.jstage.jst.go.jp/article/swsj1965/60/1/60_32/_pdf
[20] (公財)笹川平和財団海洋政策研究所・(株)ゼネシス, 海洋温度差発電の胎動>図 OTEC による海洋深層水複合利用構想, Ocean Newsletter, 88, 2004 年, https://www.spf.org/opri-j/projects/information/newsletter/backnumber/2004/88_3.html
[21] 谷岡昭彦, 比嘉充, 酒井秀之, 浸透圧発電(PRO)システムによるエネルギー回収, 膜, 40(2), 日本膜学会, 2015 年
[22] 山口大学比嘉充研究室資料, Blue Energy >浸透圧発電・逆電気透析, http://piano.chem.yamaguchi-u.ac.jp/re_ene.html
[23] H. Takemura, T. Sakurada and M. Higa, 10th International Conference on Separation Science and Technology (ICSST14) Nara, Japan, EP-59, 30 October-1 November, 2014
[24] 比嘉充, 逆電気透析発電の技術開発動向, 日本海水学会誌, 68(5), 2014 年

[25] 内閣官房総合海洋政策本部事務局, 実証フィールドの要件と選定の方法について, 2013 年 3 月 12 日, http://www.kantei.go.jp/jp/singi/kaiyou/koubo/201303/honbun.pdf
[26] 内閣官房総合海洋政策本部事務局, 海洋再生可能実証フィールドの選定結果について, 2014 年 7 月 15 日, https://www.kantei.go.jp/jp/singi/kaiyou/energy/201407/testfield20140715.html
[27] 内閣官房総合海洋政策本部事務局, 海洋再生可能実証フィールドの追加選定について, 2015 年 4 月 3 日, http://www.kantei.go.jp/jp/singi/kaiyou/energy/201504/testfield20150403.html

第 8 章

[1] 日本ヒートパイプ協会編, 実用ヒートパイプ, 日刊工業新聞社, 2001 年
[2] 盛岡市役所, 盛岡駅西口開発エコシティ・地域暖房, http://www.city.morioka.iwate.jp/shisei/toshiseibi/nishiguchi/1010141.html
[3] 経済産業省北海道経済産業局, Cool Energy4 (雪氷熱エネルギー活用事例集 4)増補版, 2010 年
[4] (公財)雪だるま財団, 日本エネルギー経済研究所, 第 2 回再生可能エネルギー等の熱利用に関する研究会資料, 2010 年, http://eneken.ieej.or.jp/data/3416.pdf
[5] 新エネルギー・産業技術総合開発機構, 雪氷冷熱エネルギー導入ガイドブック, 2002 年
[6] 堂腰純, アイスシェルターの設計方法論
[7] 河本洋, 廃熱回収用高効率熱電変換材料の研究開発動向, 科学技術動向, 2008 年 3 月号
[8] 新エネルギー・産業技術総合開発機構, 高効率熱電変換システムの開発―事後評価報告書, 2007 年, http://www.nedo.go.jp/content/100096568.pdf
[9] 藤田稔彦, 熱電変換の多様な活用に向けて, (一財)エンジニアリング協会, 熱電発電フォーラム (2005.10.31), 2005 年, http://www.enaa.or.jp/GEC/info/eve/fourm/f-12.pdf

第 9 章

[1] 経済産業省, スマートコミュニティのイメージ, 2013 年, http://www.meti.go.jp/policy/energy_environment/smart_community/
[2] 著者, 八戸マイクログリッド大会, 2007 年
[3] 新エネルギー・産業技術総合開発機構, NEDO 新エネルギー等地域集中導入技術ガイドブック, 2008 年, http://www.nedo.go.jp/content/100083461.pdf

第 10 章

[1] 総務省,「緑の分権改革」推進会議第 4 分科会(再生可能エネルギー資源等の賦存量等の調査についての統一的なガイドライン), 2011 年, http://www.soumu.go.jp/main_sosiki/jichi_gyousei/c-gyousei/bunken_kaikaku.html
[2] 環境省, 平成 26 年度 2050 年再生可能エネルギー等分散型エネルギー普及可能性検証検討委託業務報告書, 2014 年, http://www.env.go.jp/earth/report/h27-01/
[3] 資源エネルギー庁, 総合資源エネルギー調査会長期エネルギー需給見通し小委員会(第 11 回会合)資料 3 長期エネルギー需給見通し関連資料, 2015 年, http://www.enecho.meti.go.jp/committee/council/basic_policy_subcommittee/mitoshi/011/pdf/011_07.pdf
[4] 産業技術総合研究所, 再生可能エネルギー源の性能, 2008 年, https://unit.aist.go.jp/rcpv/ci/about_pv/e_source/RE-energypayback.html
[5] (一財)電力中央研究所, 日本における発電技術のライフサイクル CO_2 排出量総合評価, 電力中央研究所報告, Y06, 2016 年

索 引

■ 英数字

AFP　159
BEMS　183
BTL　82
CEMS　183
COP　7, 159
DMF　84
FEMS　183
FIT　17, 46
RDF　81
RPF　81
RPS 制度　17
SPK　84

■ あ 行

アクティブストール制御　71
アクティブ熱利用法　55
アップウィンド方式　65
アモルファスシリコン太陽電池　37
アンシラリーサービス　190
一次エネルギーの資源別供給量　3
一次エネルギーの消費　2
運転維持費　200
エネルギー基本計画　11
エネルギー収支比　23, 206
エネルギーペイバックタイム　23, 206
オイスター波力発電装置　142
温室効果　5
温室効果ガス　5
温度差エネルギー　157

■ か 行

海洋エネルギー　132
海洋塩分濃度差発電　151
海洋塩分濃度差エネルギー　138
海洋温度差エネルギー　137
海洋温度差発電　149
海流エネルギー　136
海流発電　148
ガス化発電　92
カットアウト風速　72
カットイン風速　70, 71
稼働率　73
カーボンニュートラル　76, 78
カリーナサイクル方式　124
涵養地熱系発電　126
乾留　89
気候変動に関する政府間パネル　5
気象変動枠組条約締結国会議（COP1）　7
逆潮流　42
逆電気透析発電　152
キャビテーション　106
急速熱分解　85
均等年間現在価値　201
空気式集熱器　48
クロスフロー水車　108, 114
経済性評価方法　205
形状係数　63
減価償却費　199
嫌気性細菌　88
現在価値　200
顕熱蓄熱　51
高温岩体発電　125

■ さ 行

光合成細菌　88
固定価格買取制度　17, 34, 46
固定式越波型波力発電装置　143
固定式振動水柱型波力発電装置　139

再エネ賦課金　19
再生可能エネルギー　1
再生可能エネルギー賦課金　19
色素増感型太陽電池　36
システム効率　176
資本回収係数　201
ジャイロ式波力発電装置　141
斜流水車　108, 113
集光器　49
集光・集熱器　54
取得原価　199
衝動水車　107
上部摩擦層　62
新エネルギー利用等の促進に関する特別措置法　12
真空集熱器　49
浸透圧発電　151
振動水柱型波力発電システム　139
水式平板集熱器　48
推定利用可能量　194
水熱液化　85
水熱ガス化　82
水路式　101
ストール制御　71
スマートグリッド　182, 183

スマートコミュニティ
　　180, 182–184, 187
スマートシティ　182
スマートハウス　182–184
成績係数　159
性能指数　175
雪氷冷熱エネルギー　161
設備利用率　72
ゼーベック係数　173
ゼーベック効果　172
全天日射量　30
潜熱蓄熱　54
全量買取制度　181
藻由来バイオ燃料製造　86

■た 行

代替オットー機関用燃料
　　94
代替バイオジェット燃料
　　97
代替バイオ燃料　93
大気境界層　62
太陽エネルギー　28
太陽光発電　28, 32
太陽光発電システム　33
太陽定数　29
太陽電池　37
太陽電池アレイ　39
太陽電池の変換効率　40
太陽電池モジュール　38
太陽熱蓄熱　51
太陽熱のパッシブ利用　57
太陽熱発電　32
太陽熱利用　28
耐用年数　198
太陽の放射エネルギー　28
ダウンウィンド方式　65
ターゴインパルス水車
　　108
ダム式　101
ダム水路式　101
ダリウス型　65
炭化　86
単結晶シリコン太陽電池
　　37
炭素税　25
地球温暖化　4

蓄熱槽　53
チップ　80
地表境界層　62
着床式　75
チューブラー水車　108, 115
長期エネルギー需給見通し
　　11
調整池式　100
潮汐エネルギー　133
潮汐力発電　144
潮流エネルギー　135
潮流発電　145
直接燃焼　91
貯水池式　100
動作係数　159
独立型システム　42
トータルフロータービン方式
　　123

■な 行

流れ込み式　100
熱電素子　174
熱電発電　172
熱電変換効率　175
熱電モジュール　174
熱分解ガス化　81
熱分解ガス化発電　92
熱利用原価　198

■は 行

バイオ SPK 混合燃料　97
バイオソリッド燃料　81
バイオディーゼル燃料
　　82, 95
バイオマスエタノール　89
バイオマスエネルギー
　　29, 76
バイオマス混焼方式　91
バイオマス専焼方式　92
バイオマス発電　91
バイナリー方式　123
バイナリー方式発電　124
バーチャルマイクログリッド
　　187
発電原価　198

発電単価　198
波力エネルギー　132
波力発電　139
パワー係数　68
半炭化　87
反動水車　107
半導体型太陽電池　35
光起電力効果　35
ピーク電源　204
微細藻類　88
微生物　87
比速度　108
ピッチ制御　70
ヒートパイプ　169
風速の高度分布　62
風速の出現率　63
風速分布　63
賦存量　193
浮体式　75
浮体式越波型波力発電装置
　　143
浮体式振動水柱型波力発電装
　　置　139
フラッシュ方式　123
フラッシュ方式発電　124
フランシス水車　108, 111
ブリケット　80
振り子式潮流発電装置
　　146
振り子式波力発電装置
　　142
プロペラ型　65
プロペラ水車　108, 113
分散ネットワークシステム
　　180, 181, 186
並進振動式潮流発電装置
　　148
平板型集熱器　46, 48
ベースロード電源　204
ベッツ数　67
ペラミス波力発電装置
　　141
ペルトン水車　108, 110
ペレット　80
変換効率　36
ポイントアブソーバ式波力発
　　電装置　141
放射強制力　5

■ま行

マイクログリッド　181, 182, 186
マグマ溜まり　120
マグマ発電　126
未利用エネルギー　156
無拘束速度　107
メタン発酵　87
メタン発酵発電　93

■や行

有義波　133
有機物資源　78
有効落差　103
揚水式　100
揚水発電　104
ヨー制御システム　71

■ら行

累積出現率　63
レーレ分布　64
連系型システム　42

■わ行

ワイブル分布　63

著者略歴

藤井　照重（ふじい・てるしげ）
　1967 年　神戸大学大学院工学研究科機械工学専攻修士課程 修了
　1980 年　工学博士（大阪大学）
　1988 年　神戸大学工学部機械工学科 教授
　2005 年　神戸大学 名誉教授
　2005 年　(有)エフ・EN 代表取締役
　　　　　現在に至る

中塚　勉（なかつか・つとむ）
　1963 年　神戸大学工学部機械工学科 卒業
　1964 年　日立造船(株)勤務
　1991 年　技術士(機械部門) 取得
　1999 年　(有)エヌイーアール 代表取締役
　1999～2003 年　神戸大学工学部 非常勤講師
　2004 年　中塚技術士事務所 設立
　　　　　現在に至る

毛利　邦彦（もうり・くにひこ）
　1971 年　早稲田大学理工学部電気工学科 卒業
　1971 年　電源開発(株)勤務
　1998～2013 年　非常勤講師（九州大学，筑波大学，東京海洋大学）
　2001 年　(株)八戸インテリジェントプラザ 科学技術コーディネーター
　2011 年　(株)eL-Power Technology 専務取締役
　2015 年　毛利塾 塾長
　　　　　現在に至る

吉田　駿司（よしだ・しゅんじ）
　1967 年　大阪大学大学院工学研究科機械工学専攻修士課程 修了
　1967 年　川崎重工業(株)勤務
　1997 年　技術士(機械部門) 取得
　2005 年　博士(工学)（神戸大学）
　2005 年　吉田技術士事務所 設立
　　　　　現在に至る

田原　妙子（たはら・たえこ）
　2005 年　新居浜工業高等専門学校電子制御工学科 卒業
　2007 年　長崎大学環境科学部環境科学科 卒業
　2007 年　関西化工(株)勤務
　2008 年　(株)e スター 勤務
　　　　　現在に至る

編集担当	千先治樹（森北出版）
編集責任	富井　晃（森北出版）
組　　版	アベリー
印　　刷	創栄図書印刷
製　　本	同

再生可能エネルギー技術　　© 藤井・中塚・毛利・吉田・田原　2016

2016 年 12 月 2 日　第 1 版第 1 刷発行　【本書の無断転載を禁ず】

著　者　　藤井照重・中塚　勉・毛利邦彦・吉田駿司・田原妙子
発行者　　森北博巳
発行所　　森北出版株式会社

東京都千代田区富士見 1-4-11（〒102-0071）
電話 03-3265-8341 ／ FAX 03-3264-8709
http://www.morikita.co.jp/
日本書籍出版協会・自然科学書協会　会員
JCOPY ＜（社）出版者著作権管理機構 委託出版物＞

落丁・乱丁本はお取替えいたします．

Printed in Japan ／ ISBN978-4-627-92201-3